脳と心

THE BIG QUESTIONS
ビッグクエスチョンズ

Mind

リチャード・レスタック 著
サイモン・ブラックバーン 編
古谷美央 訳
Richard Restak

Series Editor
Simon Blackburn

Discover

はじめに

心は、いつの時代も興味を引く魅力的な存在であり、古代の哲学者に始まり多くの思想家が、それ――その正体やしくみ――について脳みそを絞り続けてきた。実は、この冒頭の文にすでに、古くからのビッグクエスチョンが隠されている。脳と心は同じものなのだろうか？　そして、心や脳がそれらを通してしか考察することができないものだとしたら、それでも私たちの試みは有効なのだろうか？

このように、心を理解しようという試みには、「自己言及」のパラドックスがついてまわる。このパラドックスの言い回しはほかにもいろいろあるが、その要はアイデンティティ、つまり、「私」という感覚に関する問いだ。

思想史の中で心は、脳と魂とともに、人の本質を理解するための三つ組みをなす。かつて哲学者にとってきわめて重要だった魂が、今は神学や宗教の範疇となった。対照的に、最近では脳が一般的な用語となり、「心」は日常用語（「心に留める」「心がける」「本心を失う」）で広く使われながらも、熟考や知性や想像などより高次の意味を含むことを示唆するものとなった。

デカルトやレオナルド・ダ・ヴィンチを代表とする哲学者や解剖学者は、常に正しかったわけではないにせよ、運動機能や感覚と脳の間のつながりを描き出そうとした。一方で、脳に関する詩はあまりないが、心に関するものはありあまるほどある。今日、脳は科学の進歩にともない脚光をあびはじめ、その地位は脳の構造や動作に関する新たな発見がなされるにつれて高まってきた。コンピューターサイエンスは、脳がハードウェアで心がソフトウェアだというメタファーを生んだ。このメタファーをもっとも単純な形で表せば、「心＝脳が行うすべてのこと」という等式が現れる。

過去のいくつかの著作の中で私はこういった主張をしてきたのだが、今になってみると、この等価性に若干の疑問を覚える。

一つには、「心」という語が「国民の心」のように、集合体としての態度や時代精神を表すことがあるからだ。こうした心の拡大解釈に関するさらなる知見が、近年の技術進歩の助けを借りて得られるようになった。今やインターネットは、何百万人もの人々の行動パターンや、会話や文章による表現のリアルタイムデータを集めることを可能にし、人はグループに属しているとき、一人のときとは異なる意見をもったり異なる行動をとったりすることを明らかにした。

これが、個人や集団の行動予測がきわめて難しい一つの理由である。ときに集団行動は、それが肯定的なものであれ否定的なものであれ、その集団を構成する個々の心からすると想像を絶する結果を生むことがある。これを、脳の活動や現代の神経科学のみでこれを説明することは困難だ。

心のビッグクエスチョンに取り組もうとするとき、自己言及の感覚は遍在している。私たちは、「思考とはなにか？」と思考せずに問うことはできない。知識のほとんどを得るために使ってきた思考プロセスについて考えることなく、「知識とはなにか」と考えることも無理だ。しかし、このような問いをあつかう際は、それを哲学的な問いとみるか科学的な問いとみるか選ぶことができる。私自身は後者のアプローチをとる傾向が強い。21世紀においては、記憶や情動、言葉やアイデア、夢や想像、知覚や思考、そして自己感覚や外界の感覚が、脳の活動によるものではないと言い張る人はほとんどいないだろう。私たちがこれをもっとも明確に認識できるのはそれが失われているときで、脳の正常な働きが妨げられたときになにが起こるかを見ればよい。

また、私たちはもはや、これらの問いを考えるときは自己言及する心だけに依存しているわけではない。脳イメージング、認知研究、精密な解剖学的研究、科学やその他の探索方法を動員している。言い換えれば、「自己言及」のパラドックスは哲学的には存在し続けるが、実際上は、私たちは自分自身の外部からビッグクエスチョンに取り組む方法を獲得したということだ。

この本の各章で提起した問いにアプローチする際、私は決定的な答えを出すことを目的とはしなかった。多くの場合、答えは一つだけではないからだ。私はときに、著者の特権として個人的に気に入っている答えを強調したが、それが万人の合意を得られるものだとは考えていない。

私の目的は、私の出した答えを踏み台として、読者自身が20のビッグクエスチョンに対する自分なりの答えを探索し、考えるよう誘うことだ。もし私がこの試みに成功しているならば、読者はエビデンスを検証し、独自の結論を導き、そうしている間も他者が自分とは異なる結論にいたるかもしれないことを十分に認識している、よき陪審員となってくれていることだろう。

リチャード・レスタック

The Big Questions　脳と心

目次

心は、体なしに存在できるだろうか？

私たちは純粋な思考からなる生命体か？

インフルエンザにかかったときのことを思い出してみてほしい。ひどい熱と体の痛みのほかに、頭がうまく働かないということはなかっただろうか？　本を読んだり、なにか仕事をしようとしたりしても、集中できなかったのではないだろうか。こんな状況では、心と体を切り離して考えることができるなんて、とても信じられないはずだ。事実、インフルエンザは心と体両方に影響を与えたのだから。

神経科学者は、私たちの精神生活と身体的経験とをつなぐあらゆるものを指して「身体化された認知」という言葉を用いる。古代の人々も心と体の依存関係にうすうす気づいていた。彼らは、風、火、土、水の4つのエレメントと、それぞれの性質を表す乾、熱、冷、湿のどの要素が優位であるかによって人間の性質が変わると考えた。その後の仮説では、風を黄胆汁と、火を血と、土を粘液と、水を黒胆汁と結びつけるようになった。これら「四体液」のバランスが崩れると病気になると考えられており、四体液説は最古の性格診断法のベースにもなった。

現代でも私たちは、人間の性格を表すときに体液説に由来する語を使う。たとえば、短気な人は「怒りっぽい癇癪持ち（choleric、胆汁質が語源）」、悲観的なタイプは「陰気な（melancholic、黒胆汁質が語源）」、自信にあふれる人は「陽気で快活（sanguine、多血質が語源）」、感情を表さない人は「鈍感で冷血（phlegmatic、粘液質が語源）」という具合だ。

心と体が依存関係にあるという考え方は、ギリシャ時代から連綿と続いてきたものだが、その道は決して平坦ではなかった。17世紀以降というのは、デカルト主義（これについては後述する）が、心は体とは独立の存在であると信じるよう主張した時代だ（デカルトは、インフルエンザにかかったことがなかったに違いない）。

その後、19世紀から20世紀初頭にかけて、ウィリアム・ジェームズをはじめとする心理学者が、性格と感情を体の状態と結びつけるようになった。ジェームズは、感情というものは人々が自身の内臓の物理的変化（胃の収縮や、心拍や呼吸数、血管の拡張および収縮など、自律神経系に支配されている体の変化）を知覚することによって起こると考えた。ジェームズはさらに、我々の精神状態は肉体的変化の結果であると続けた。「我々は泣くからかわいそうと思うのであって……かわいそうに思うから……泣くわけではないのだ」。

身体的な経験と心

ジェームズの、身体的状態が私たちの心（特に考えや行動）に影響を与えるという主張について、近年神経科学者が詳細に検討した結果、人々が自分の身体的状態を知覚している程度には大きな個人差があることが明らかになった。

以下の簡単なテストで、あなた自身の身体認知がどのようなものかうかがい知ることができる。友人に1分間、あなたの脈を測ってみてもらおう。同時に、自分の脈拍がいくつくらいか、心の中で予想してみてほしい。そして、あなたが予想した値と、友人の実測値とを比較してみよう。

この実験を行った人のうちおよそ1／4は、予測値と実測値のズレが20％以下に収まる。ただし、50％以上ずれる人も1／4いる。そして、このテストの成績がよかった人は、神経科学者がいうところの「身体化錯覚（embodiment illusion）」にかかりにくいことがわかっている。

このような錯覚の一例に、フェイススワップ（顔入れ替え）イリュージョンがある。画面に映された、自分とは別の人物の顔が撫でられているのを見ながら、自分も同じタイミングで同じように顔を撫でられるというもので、画面の顔と自分の顔に与えられる触覚刺激が同調していると、画面に映されている人物の顔を自分の顔だと判断するようになる。

この単純な実験は、マノス・サカリスという神経科学者が考案したもので、顔の認識や自分の身体の構成部分の自己所有感といった自分自身に関する心的表象が、感覚器からの入力によって変えられることの証拠ともなっている。

実は、このような身体知覚の流動性は、私たちの世界の見方にも影響を与える。

ストックホルムのカロリンスカ研究所で行われた別の実験では、被験者は小さな人形の体、あるいは巨人の体が自己身体であると認識するようなフルボディ（全身）イリュージョンを経験した。このとき、自己身体が小さな人形から巨人の体へと変化することで、世界の見え方も変わったという。小さな人形だと思っていたときには世界は巨大に見え、巨人だと思っていたときには世界が小さく見えたというのだ。

このような体を入れ替えるイリュージョンは、私たちの体感が脳における知覚に大きな影響を与えていることを明示している（「感覚とはなんだろうか？」を参照）。

心があるところには「動き」がある

これまで見てきた事例において、心、感覚、体の動きは複雑に絡み合っていた。体の動きは、心を直接表現するものとして特に重要だ。動きは即時的に、また無意識的に生み出されるものなのだ。たとえば、私が先ほど特にさしたる考えもなく部屋を歩いて横切ったのがそうだ。

しかし、動きはまた、意思に基づき、故意に起こすこともできる。たとえば、私が（部屋を横切った少しあとに）旅行代理店に連絡して飛行機のチケットを手配しようと決めたのは、意思に基づいている。

部屋を歩いて横切るといった自律的な体の動きは、大部分が大脳皮質の下の領域（神経科学者がいうところの、皮質下核や皮質下回路）によって制御されている。大脳皮質はほとんど寄与していないが、これは、（ダンスを覚えようとしているときなど特殊な状況を除き）ふだん足を動かすことの段取りを意図的に決めたり足の動きに特に集中したりすることはないことから、合点がいくだろう。

一方、旅行代理店に電話をかけて飛行機を予約するといった意識的な行為は、大脳皮質の中でも意図を生み出す部位である前部前頭葉および前頭葉領域の活性化をともなうものであり、ある程度の意思が必要だ。意図が生じると、大脳皮質の運動前野とよばれる部分にそれが伝わり、動作を起こすための計画が組み立てられる。最終的にその運動計画は運動野へ、そして、そこから実際に動きを具体化する筋肉へと伝わる。

しかし、動きがあるからといって、そこに心があるとは限らない。機械や装置は、心の作用が必要になるような動きをルーチンとしてこなすことができる。たとえば、1954年ごろに登場した自動ドアがよい例だ。ドアの設計、製造、設置、メンテナンス以外のところに心は関わっていない。

動きを超えた機能をもつことから、もっと近代的でもっと心らしく感じられるものとして、地上のランドマークや、バーコードや、ワインのラベルや、教科書や、DVDのジャケットを識別できる携帯電話のアプリがある。あるアプリは、100万点以上の絵画のデータベースをもとに芸術作品を同定することができる。

ただし、この場合も体が完全に失われているわけではない。誰かがアプリを立ちあげ、アプリが提供する情報を読んだうえで理解しなければならないからだ。これらは、体なしに機能する心ではなく、心と体とのつながりの希薄化の例といえるだろう。技術的に作り出された脱身体化（disembodiment）である。

動きのないところに存在する心

閉じ込め症候群（locked-in syndrome）とは、身体動作はないが心は存在するという状態だ。この不幸な病態では、患者には意識があり、覚醒していて、認知機能も正常なのだが、目を除く全身の随意筋が麻痺しているために、体を動かしたり発話によってコミュニケーションをとったりすることができない。

この悲惨な病状の極端な例ともいえる完全閉じ込め症候群（total locked-in syndrome）では、目までもが麻痺してしまう。この疾患については、１９９５年に脳卒中で倒れたフランス人ジャーナリストのジャン＝ドミニック・ボービーによって鮮やかに描かれている。倒れてから3週間後に昏睡状態から目覚めたとき、彼は全身麻痺状態に陥っていたが、唯一左のまぶただけは自分の意思で動かすことができた。時間をかけて彼は左目の瞬きによってコミュニケーションをとるしくみを構築し、ついには彼の体験したことの回顧録を「書き起こさせる」ことに成功した。こうして完成した『潜水服は蝶の夢を見る』は、２００７年に映画化もされている。

もう一つ、フィクションではあるが閉じ込め症候群の例が、アレクサンドル・デュマ・ペールによる小説『モンテ・クリスト伯』の登場人物、ムッシュ・ノワルティエ・ヴィルフォールだ。デュマの描写によれば、彼は「目だけが生きている死体」であり、考えを目の動きと顔の表情で伝える。ヴィルフォール氏は、彼の孫がアルファベットを読みあげたり、辞書の語句に指を走らせたりするのに合わせて目を動かして文字や語句を選び、文章を構築する。

閉じ込め症候群では、心と体の最低限のつながりが維持されているのに対し、同様の神経学的状態である「最小意識状態（Minimally Conscious State, MCS）」と植物状態においては、患者が他者とまったくコミュニケーションをとれないことから、最近まで精神力が維持されているかどうかすら議論の的であった。

しかし、近年のｆＭＲＩ（機能的ＭＲＩ）を用いた研究や電気活動の記録などから、このような患者の脳が、動きは表出しないものの、要求に対して適切に応答していることがわかってきた。

たとえば、ある患者に、頭に自分の家の部屋を思い浮かべるように要求したところ、数秒以内に、患者の脳の中の、完全に正常な脳をもつ人に同じ要求をしたときに活動するのとまったく同じ部位が活動を始めたのだ。ただし、この反応が体の動きをともなうことはなかった。

私たちは日頃から、コンピュータープログラムという形で、脱身体化された形で閉じ込められている心を目の当たりにしている。中でももっとも興味深いプログラムは、マサチューセッツ工科大学（ＭＩＴ）のジョセフ・ワイゼンバウムが１９６０年代半ばに作りあげたＤＯＣＴＯＲとよばれるものだ。

ジョージ・バーナード・ショーによる戯曲『ピグマリオン』の登場人物にちなみ「イライザ」と名づけられたこのコンピュータープログラムは、言語を分析し、スクリプトに従って反応を返すものだった。これは、コンピュータープログラミングの初期の産物であり、以来格段に洗練されたプログラムが開発されているが、体なしに心が存在できるのかという議論においてイライザはこれからも話題に上り続けるであろう。

イライザは、精神療法医の非指示的療法をモデル化して作られたものだ。患者が文章を入力すると、イライザは当時の偉大な心理療法家カール・ロジャーズがするような答えを返す。

患者　　：恋人にここにくるように言われました。
イライザ：あなたの恋人がここにくるよう言ったのですか？
患者　　：彼は、私がいつも落ち込んでるって言うんです。
イライザ：落ち込んでいるなんて、気の毒に。
　　　　……続く

イライザが世に出てすぐ、ワイゼンバウムはイライザと会話した人の中に奇妙な言動を見せる人々を見つけた。彼らは、「セラピスト」がコンピュータープログラムであることを知っているにもかかわらず、「ひどく空想的な考え」を示したというのだ。「彼らはまるで、親身に相談に乗り適切なアドバイスをくれる人間と話しているかのように、コンピューターと話していた」と彼は振り返った。

イライザが登場する10年以上前、ブレッチリーパークの暗号解読者でコンピューターの先駆者であるアラン・チューリングが、機械が知性のある行動をとりうるかテストする方法（チューリングテスト）を考案した。機械がチューリングテストに合格するには、ユーザーに、機械ではなく人間とやりとりしていると思わせなければならない。生身のドクター・イライザが実在して、個人的な悩みなどを聞いて解決に導いてくれると真剣に信じていた人々からすれば、イライザはチューリングテストに合格していたわけだ。

ただし、この方法には批判もある。それは、チューリングテストは機械が知的な思考をできるかどうかを評価するテストではなく、プログラムが人間のような答えを返すかどうかを評価しているだけだというものだ。人間らしい行動と、知的な行動が完全にイコールではないことは、ふだんの生活を通して誰もが知っていることだろう。

イライザや過去50年間に開発された他のコンピュータープログラムが多かれ少なかれ示唆しているのは、体が存在せずとも心は存在しうるということだ。

神経の複雑さと心

心が体から離れて存在できるか、という議論をする場合には、「常に正しいわけではない仮定」を注意深く避けることが必要である。

私たちは、神経系がある程度の複雑性を獲得すると心が出現する、と考えがちである。ところが、複雑な体から心が生まれると考えることも可能なのである。

ここで、タコについて考えてみよう。タコは一見すると単純な生命体だが、その行動は非常に豊かである。触手を伸ばして食べ物やその他の物を選んでつかみ取ることができるし、触手で皮膚をこすって体をきれいにしたり、貝殻や石を集めてその中に隠れて捕食者の目を逃れたり、棲み家を作りあげたりもする。ときには、私たちが居心地悪く思うほど知的に見える振舞いを見せたりもする。あなたがタコの入っている水槽をのぞき込むと、タコもあなたのことをじっと見返すだろう。あなたが勇気を出して水槽の中に手を入れれば、タコの触手が一本伸びてきて、あなたの手と「握手」するかもしれない。

さて、このような行動は「知的」といって差し支えないように思えるが、一点だけ、どうにも解消できない問題がある。タコは実際のところ軟体動物であり、地球上でもっとも低能な生物の一種、カタツムリのいとこなのだ。では、どうしてタコはこのような感動的ですらある知性を垣間見せることができるのだろうか？

一つの理由として、タコの体の構造がカタツムリのそれとは大きく違うということがあげられる。タコは強力な8本の触手をもち、なんでも見通すことができそうな目をもっている。その結果、周りの環境と複雑に相互作用する能力を得た。

カタツムリの外界とのやりとりが受動的で一定であるのに対し、タコは世界を触覚と視覚を使って探索することができる。言い換えれば――そして、これこそが私のもっとも言いたいことなのだが――タコの心は、決して中心脳から発生するのではなく、触手や目や体の動きから生まれるのだ。すなわち、タコの心は身体化されていて、その身体構造を考慮することでのみ正しく理解することができる。

心は脳よりも大きなものか

「心は、体なしに存在できるだろうか?」という疑問の変化形として、「心は、脳よりも大きなものか?」という同じように興味深い問いがある。科学が発展した今、私たちは脳が心の物理的基盤であることを知っている。

だが、昔からずっとそうだったわけではない。エジプト新王国時代の人々は心臓のほうを好み、脳には大した注意を払っていなかった。

アリストテレスもまたこの考えにならい、心臓に卓越性を見いだしていた。さりとて、脳を完全に無視していたわけでもなかった。彼は「脳のある部分」が、「熱く沸き立つ」心臓を冷やす役割をはたしていると考えた。

彼の師であるプラトンは、魂の三分説において脳の重要性についていくらか触れている。プラトンは、魂が三つの成分に分割できると考えた。一つ目は頭の中にあり知性と関連している。二つ目は心臓にあってプライドや勇気をもたらし、三つ目は肝臓にあって色欲や強欲など「低次元の欲求」に関わっている。

現代の私たちは心臓よりも脳を明確に支持しているにもかかわらず、ふだん使う言葉の中に、その選択があいまいになっている様子がうかがえる。たとえば、失恋すれば「胸が張り裂けそう」になるし、ロックンロールの先駆けであるバディー・ホリーも曲の中で「胸の中に雨が降る」と憂えている。そして、バレンタインカードには相変わらず、脳ではなく心臓を矢で貫く天使が描かれている。

脳についての言葉はどうだろうか？　なにか問題が生じたとき、解決策を探るために多種多様な人々が集まってするのは「ブレインストーミング」だ。また、特に優秀な生徒のことを「リアル・ブレイン」と言うことがある。

つまり、心が生じる場所や存在する場所についての概念は、どちらかがどちらかを完全に置き換えるというわけではなく、共存しているのである。

そしてこれは、すべてにおいてもっとも根源的な問いである、心と体のジレンマにも当てはまる。

はたして、心は脳から離れて存在しているのか？　そして、魂はこの話の中のいったいどこにあるのか？

心、魂、体についての混乱の多くは、17世紀のフランス人哲学者ルネ・デカルトに端を発している。デカルトの哲学的立場は、心が体とは質的に異なるものであるとしている。デカルトによれば、「体は神の手によって作り出された機械であって、他に類を見ない優れたつくりをしていて、その動きは人間が作り出すあらゆる物よりも見事である」。

しかし、体の反応のほうは典型的な機械とは異なる、と彼は続ける。なぜならばそこには魂との連係があるからだ。「しかし、神経によって脳から発生した動きというものは、脳と深くつながっている魂、あるいは心にもさまざまな影響を与える」。

この一文は、二つの意味で重要である。まず1点目、デカルトは、解き明かすべき難題が心

－体ではなく、心－脳問題であるということにこの時点で気づいていたということだ。2点目は、この一文でデカルトは魂（神学的概念）と心を同じものとして語っているということだ。この神学、哲学、科学が絡み合う混沌は現在まで続いている。

デカルトは、心と脳を相互作用しているが明確に異なる二つのプロセスであると論じたことによって、これら二つのまったく異なる実体がどのように相互作用するのかについて説明する必要に迫られた。初期の実験的な試みとしてデカルトは「脳の中心にある小さな腺（松果体）」のことを取りあげている。松果体が仲介することで、「体という機械に霊的な魂が宿る」ことが可能になるというのだ。

しかし、松果体を心と脳の仲介役として設定することは、デカルトのもっとも高位かつもっとも熱心な弟子の一人であったボヘミアのエリザーベト王女が指摘したように、さらなる説明を要する大きな問題を引き起こした。彼女はデカルトへの手紙にこう記した。「人の魂が体の動きをどうやって決定することができるのか、どうかお教えください」。

この問いによって、王女はデカルトの説の欠陥を批判したのである。脳が物質的実体によってのみ影響を受けるのだとすれば、物質的実体をもたない心がどうしてそれと相互作用できるだろうか？　物質的実体をもたないなにかが物質的実体を動かすプロセスというのは、どう理解すればよいのだろうか？

デカルトの心と脳を分離する考え方は二元論として知られるようになった。二元論を支持する者は（ときに多少のあざけりを込めて）二元論者とよばれる。あざけるかどうかはさておき、私自身は、完全に形をもたない心というものを信じている人々はきわめて少数派だろうと考えている。

しかし、ときにはこの少数派の中に非常に影響力をもつ有名人が含まれていたりする。神経生理学の研究で1963年にノーベル生理学・医学賞を受賞したジョン・エックルス氏は、心と脳が独立であることを固く信じていた。私が脳に関する本の1冊目を出版したあとにエックルス氏から送られた手紙は、今でも私の宝物だ。その中で彼は、私のことを「約束したがりの唯物論者」と書いた。彼は私をこうよぶことで、心を脳の言葉で説明しようとして、その結果いつも実際に言えること以上のことを約束してしまう科学者と私が同類だと言ったのだ。

エックルス氏は正しい。神経科学者は今も、脳について証明不可能なことを主張しようとする。心の概念はすべて排除して、脳だけについて語ればよいなどと主張する神経科学者もいるが、その正当性が明らかではないのは間違いない。それでもなお、今日の多くの思想家は、心と脳の関係性に関し、私たちが心とよんでいるものの多くは、いまだ解明されていない脳の動きの結果生じるものであるという考えを好む。

オックスフォード大学の哲学者ギルバート・ライルが用いたカテゴリー錯誤という語がここでは役に立つ。ライルが言ったように、私たちは比喩的な意味でしか一緒に語ることができない物を混同して、混乱に陥らないように注意しなければならないのである。

私が今座っている椅子は進化論と関係しているだろうか？　小説家や詩人ならば椅子と進化論をおもしろく独創的なやり方で関連づけてなにか作り出してくれるかもしれないが、その作品はこの二つの間に因果関係のようなつながりを提供してくれるわけではない。進化はある一つのもの、椅子はまた別の物だ。心のことを脳の機能という言葉だけで論ずることも、同じようなカテゴリー錯誤をともなうのかもしれない。

心は脳のような物理的な構造物ではない。つまり、それは「物」ではない。心は目に見える形をとらず、匂いもせず、味もない。脳のように手にもってみることもできない。心によって作られる思考も、物理的な形は必要ない。

思考はしかし、それを考え、解釈する心なしには無意味な存在だ。

ファイナルアンサーはまだない

残念ながら、「心は、体なしに存在できるだろうか？」という私たちの問いは、簡潔な答えを求める私たちを拒絶しているようだ。

私たちは、脳が大小の構造をもっていることを知っている。回路によって機能的につながっていることも知っている。その機能は電気的、化学的に生み出されるものであることも知っている。

では、これらの中のどこに心はあるのだろうか？　脳が唯一の心の貯蔵庫なのだろうか？　それとも、心は内分泌系や免疫系など他の体内のコミュニケーションチャネルも包含するもっと拡散した存在なのだろうか？　かなりの数の専門家は、脳がすることすべてをひとくくりにした語を心とする一元論を支持している。しかし、ここまできてもなお私たちは、脳がどうやってそれらのことをするのか理解するにはほど遠いところにいる。

いつか、なにもかも説明できるようになる日はくるのだろうか？　もちろん、心と脳についても、体なしに心をもてるのかについても、理解はより深まるであろう。しかし、現時点で私たちは、脳がどう「働いている」のかや、心と脳との真の関係を説明できる、包括的な、完璧に満足できる説をもってはいない。

ただし、私たちが説明に失敗していることについて批判的になりすぎてもいけない。このような相関関係が簡単に明らかになるはずもないからだ。哲学者アルトゥル・ショーペンハウアーは、この心－体問題を説明するジレンマのことを「世界の結び目（world knot）」と言った。もしかすると、この結び目は、ほどかれることをこれからもかたくなに拒み続けるのかもしれない。

脳はどのようにして生まれたのか？

ヒトの脳の発生

脳がどのようにして生じたのかについて論じる前に、もっと根源的な問いを投げておこう。「脳とはなにか？」。他の深遠な問いと同じように、答えは簡単なようでいて、まったくそんなことはない。

脳を生み出すような進化の最初の一歩を踏み出したのは、神経細胞体を頭側の端に集めた扁形動物だ。感覚受容器からのシグナルを神経線維が処理、つまり、神経がシグナルをこの原始的な脳まで運ぶことで、筋肉の動きと統合される。

扁形動物とヒトの間には長く複雑な道が横たわるが、脳の特徴として重要なことは、神経系の頭部への集中である。配線が複雑になればなるほど、生物の外部環境および内部環境への反応性が豊かになる。中生代（2億5000万年前〜6500万年前）の哺乳類や鳥類は、生き延びるために、体重に対する脳の比率を祖先の10倍に増加させた。この巨大な脳によって、体温を制御して体を温かく保ち、初期の社会的ネットワークを形成し、子育てを始め、学習できるようになり、道具を使えるようになった。

哺乳類同士を比べてみると、脳の構造のすべてが同じ比率で大きくなっているわけではない。機能もまたそうである。それぞれの生物の脳の機能は、それぞれが生きていく世界にもっとも適応した形で組織化されている。感覚と動きをより精緻に統合する必要に迫られていたものたちは、小脳（脳の後ろ側にあってバランスや動きの協調を司る）が増大した。

脳はどのようにしてできあがるか

受精の瞬間に外から観察できることは、父親由来の精子が母親由来の卵子に突入して一つの細胞が生まれる、ということだけだ。しかし、その細胞の中には、肉眼では見えないが、人体を作りあげるためのＤＮＡで書かれた設計図が入っている。

将来の脳は受精からおよそ４週間後、神経板という細胞一つ分の厚みしかないスプーンのような形をした部位として見えはじめる。そして、神経板上を縦に走る溝（神経溝）が、神経板を左右二つに分けている。

この段階ですでに、将来脳になる部分には極性があって（神経板の頭部が他の部分に比べて大きく横に広い）、左右対称で（神経溝によって右半分と左半分に分けられている）、領域化されている（スプーンのすくうところにあたる部位が脳となり、持ち手に当たる部位が脊髄となる）という、三つの明確な特徴が現れている。

つぎに、神経板の右側と左側が合わさって管が作られ、そこから前脳、中脳、後脳という三つのふくらみが生じる。それから数カ月間にわたり、これらのふくらみは母胎の中で大きくなり、折れ曲がり、拡張し、成人の脳や神経系に見られる主な領域が形成される。大脳、視床、視床下部、小脳、脊髄だ。

脳を横から見た場合、主だった構造を三つ確認することができる。大脳半球と、その直下に見える脳幹と、脳の後方に存在する小脳である。そのほかの構造は、脳の総重量の85％を占める、大きく広がった大脳半球によって包み隠されている。

発生が進むと、大脳半球内で劇的な変化が起こる。

妊娠5カ月目にビリヤードボールのようなつるんとした見た目で始まった半球は、4カ月かけてでこぼこしたクルミのようになっていく。

この変化は、頭蓋骨の中という限られた空間にできるだけ多くの神経細胞を詰め込もうとした結果だ。スーツケースにできるだけ洋服を詰め込もうとするときの、「たためば幅広の洋服でも限られた大きさのスーツケースにしまえる」というのと同じ法則がここに働いている。大脳皮質（大脳半球表面の薄い細胞の層）はしわを伸ばしてみると新聞一面分くらいの大きさになり、これを折りたたまずに納めようとすれば、ゾウと同じくらいの大きさの頭蓋骨が必要になっただろう。

大脳皮質は脳に含まれるニューロンのほとんどすべてを含んでいるため、表面積が広いというのは重要なことである。ただし、この皮（硬さはヨーグルト程度だ）は、なんと厚さ2㎜しかない。オレンジの皮より薄い大脳皮質に、ヒトの脳に存在する1000億個のニューロンのうちの2/3と、1000兆にもおよぶニューロン同士のつながりの3/4が集まっているのだ。

これほど多くのニューロンとそのつながりを含む大脳皮質は、ヒトの脳内で最大の領域である。一層のニューロンと支持細胞からなる大脳皮質の表面積は、カニクイザルのそれの10倍、ラットの1000倍にもなる。さらに重要なのは、脳全体の容積の中で前頭前野が占める割合である。ネコは4%以下、犬は7%、サルは10%、大型類人猿(チンパンジーなど)では20~30%、ヒトでは30%だ。

大脳皮質は、その大きさと組織の複雑さから、知性や認知機能の尺度として、脳全体の容積を使うのよりも優れている。脳のサイズ自体は体の大きさとだいたい比例する傾向にあり、大きな動物は大きな脳をもっている。だからといってそれらがより高い知性をもつわけではない。

ゾウとヒトを比べてみれば一目瞭然だろう。この二つの種がもつ知性には大きな差があるが、成人の脳の大きさは成体のゾウの脳の大きさの1/4程度でしかない。このような観察結果から、初期の神経科学者は全脳容積の測定にあまり熱心ではなく、脳対体比に注目してきた。そして、この比率は、あらゆる種の中で私たちヒトが最大となっている。

脳の地形図

神経科学者はよく、脳をさまざまな領域に分けて、各領域がどのような機能を担当しているかを示すガイドブックのようなものを作製する。領域に分割することは便利であり、神経学や神経外科学などの専門分野の基礎にもなっている。

ただし、領域（葉ともいう）に分割されているとはいっても、それぞれを決定的に分かつ絶対的な差があるわけではなく、どちらかというと土地の所有権を示す境界線や国境のようなもので、人為的に分けられているだけである。さらに、それぞれの葉は独立して存在しているわけではなく、連合線維という線維でつながり、連絡を取り合っている。脳内で起こっているコミュニケーションの実に90%が、連合線維を介した脳葉同士の「会話」だといわれている。

脳を横から見てみると、外側を覆う大脳皮質は古びてしわしわになったボクシングのグローブのようである。グローブの前が前頭葉、中央部が頭頂葉、そして、後ろの部分が後頭葉で、グローブの親指に当たる部分が側頭葉だ。

前頭葉（左右に一つずつある）は、発語を含むすべての行動を起こさせる部位である。各前頭

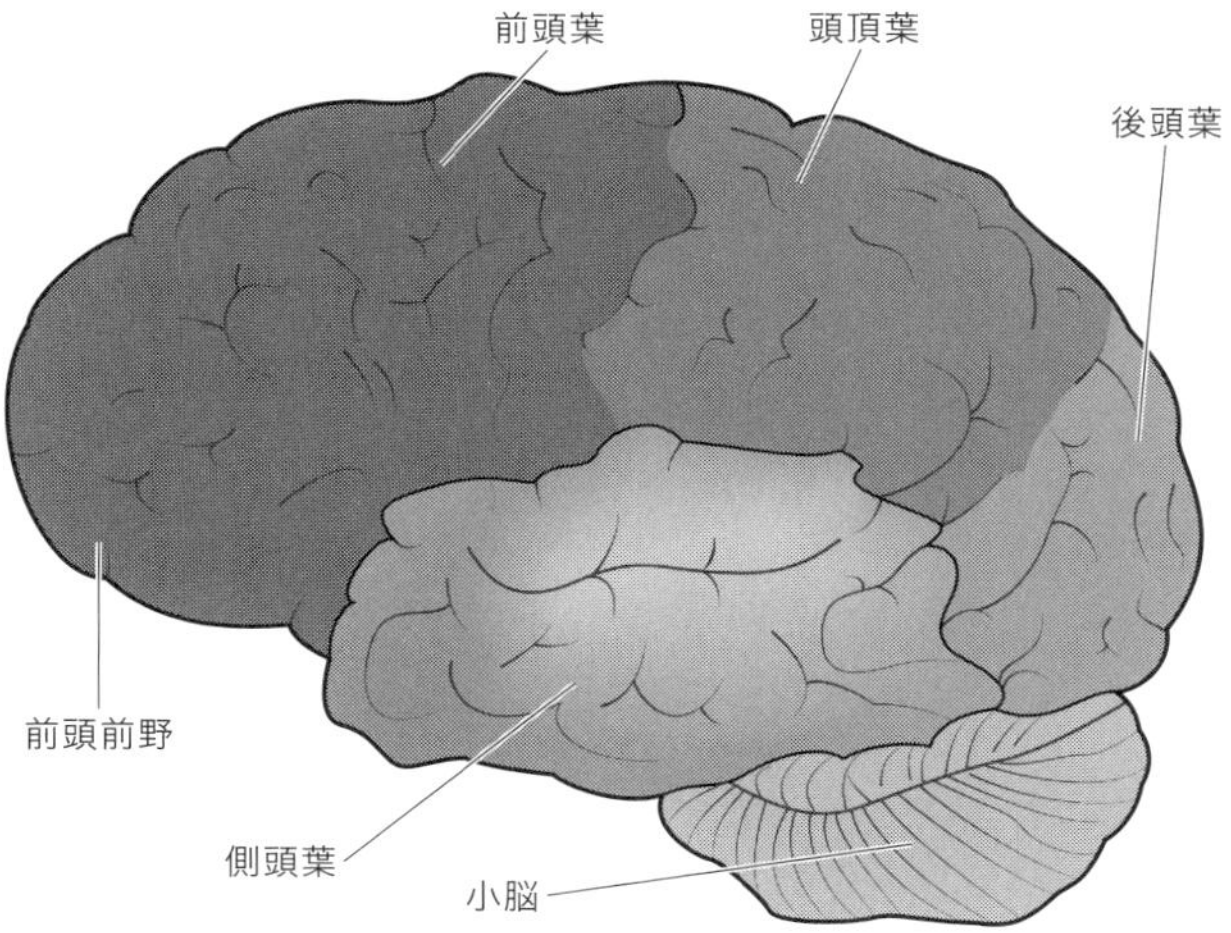

人間の脳を横から見た図。大脳半球の内部に大脳基底核という、不随意運動を司る部分がある。

葉の一番前に位置する前頭前野と補足運動野が性格と情動を統合し、意思を行動に移させる。紅茶の入ったカップを持ちあげようとするときには、前頭前野がその行動をすることを決め、運動前野が必要となる一連の筋肉の動きをプログラミングし、運動野がそれに応じて腕と手の筋肉を動かす。

左右の頭頂葉はそれぞれ反対側の体からの感覚を受け取る窓口になっていて、その情報を脳内の連合線維の巨大なネットワークを介して統合する役割をもつ。側頭葉は聴覚を受け持ち、学習、記憶、情動の経験や表出に関わる大脳辺縁系の一部（扁桃体や海馬）とつながっている。

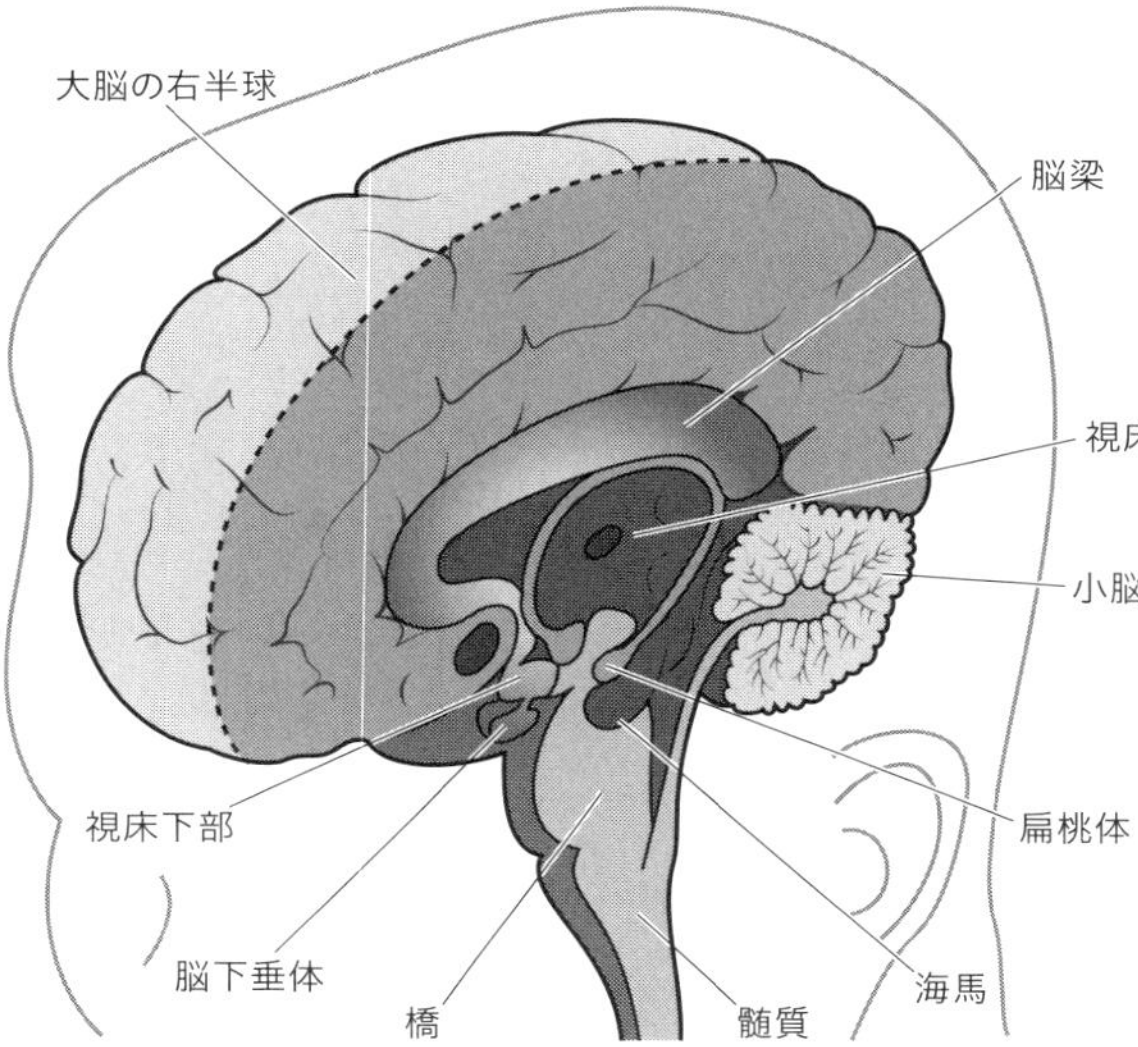

脳を中央で二等分した断面図。ここでは、前の図では見えなかった深部の構造が見える。

最後の後頭葉は、脳の最後部に位置し、視覚情報を処理する。後頭葉のさらに後ろにあるのが運動、バランス、協調運動を司る小脳だ。バレリーナの踊りを見ている私たちは、彼女の小脳が最大限に機能を発揮している瞬間を目撃していることになる。ただし、小脳はバランスや協調運動だけに関わっているわけではなく、前頭葉とともに、運動に先立って起こる準備的活動にも関わる。

上から見ると、脳は中央にくっきりと見える大脳縦列という溝で真っ二つに割られているように見える。この脳内グランドキャニオンは、大脳を各々異なる役割をもつ右半球と左半球に分けている。少々簡略化しすぎではあるが、左半球は読み書きと言語に関する機能を担当している。右半球はさまざまなことをこなすが、代表的なものとして映像情報や空間情報を処理したり、話し声に含まれる情動的な部分（声のトーンやためらいなど）を分析したりする。

これら二つの大脳半球をつなぐのが、脳梁という紐のような構造体だ。脳梁は片側の半球からもう片側へとメッセージを伝える。ただし、脳梁が完全に機能しはじめるのは10歳くらいになってからのことなので、小さい子どもの脳での情報のやりとりはずいぶん限られている。新生児やごく小さな子どもだったころのできごとを思い出せる人がほとんどいないのは、生まれてから最初の10年間、脳梁が不完全であるためだといわれている。

さて、このあたりで脳の地形図をまとめてみよう。今この文章を読んでいるあなたが、冷蔵庫にコーラを取りにいこうと決めたとする。この意思はまず、あなたの前頭前野と前頭葉で形成される。その後、運動前野でアクションプランとしてまとめられ、小脳に素早く伝えられる。これを受けた小脳は、大脳半球の奥深くにある大脳基底核という名でひとくくりにされている構造の助けを借りて、コーラを取りにいくという決断を行動へと翻訳する。

脳の各領域がこのように協調して働いた結果、あなたを椅子から立たせ、冷蔵庫まで歩かせるのだ。ちなみに、飲み物がほしいというあなたの決断を除き、今見てきた一連の処理はあなたの認知の外で行われる。どういうプロセスだったのですかと聞かれたとき、あなたは、コーラを飲もうと「自由意思で」決めただけで、その他のことは自動的に起こったと答えるだろう（コーラを取りにいくというあなたの決断が実際のところどれくらい自由な意思決定だったのかについては、「自由意思は幻か？」で取りあげる）。

脳が先か能力が先か

さて、脳がどのように生まれたのかを論ずるとき、私たちは「鶏が先か、卵が先か」という問題にぶつかる。私たちの脳は、よくいわれるように、数千年にわたり培った会話と巧みな手の動きの結果生じたものなのだろうか？　それとも、脳が生まれた結果、これらの能力が生じたのだろうか？

私たちは、脳が持ち主の活動によって変わることを知っている。脳の電気活動の記録を見れば、ピアニストの脳と音楽初心者の脳とを確実に見分けることができる。だから、私たちの脳のつくりが、私たちの種がこの星に生まれてからの経験を反映していると同時に、私たちが経験する「現実」の本質を規定するというのは納得である。

私たちの現実は、論理的かつ合理的な部分と、情動的で気まぐれで予測不能な部分からなる。私たちは考えると同時に感じている。情動に関わるすべてを司るのは大脳辺縁系で、脳の奥深くのさまざまな領域が連絡した情動回路を含んでいる。

脳内に情動回路が存在することが最初に示唆されたのは、1715年にオランダ人医師で化学者が、狂犬病の動物に咬まれた患者が「ギリギリと歯ぎしりし、犬のようなうなり声をあげ」はじめたのを目の当たりにしたときだった。不幸な患者たち（と、彼らに噛みついた狂犬病の動物たち）の脳を解剖してみると、大脳辺縁系が炎症を起こしていることがわかった。のちにそれが、狂犬病ウイルスによるものだということも明らかになった。

私たちの精神機能と脳のつくりがたがいを鏡に映したものだという考えに異論を唱える人はあまりいないだろう。情動に対応する領域は脳の中心のもっとも深く暗い場所に位置し、論理的思考や精神的なプロセスはその上に横たわる大脳半球から表れる。すなわち、私たちは大脳辺縁系に位置する「下等の」より情動的な部位から、大脳、特に大脳皮質に位置する「高等の」脳の影響を受けるように発達してきたといえる。

このアナロジーは、19世紀に入って神経学者で哲学者のジョン・ヒューリングス・ジャクソンが唱えた、大脳辺縁系で生まれる性欲や攻撃性などのより「原始的な」衝動を大脳皮質がチェックしているという説と一致する。ジークムント・フロイト――彼は精神分析学者になる前は神経学者だった――はこの「階層構造」の枠組みを、神経解剖学とは無関係に、精神分析の学説に取り入れた。自我と超自我は大脳皮質に対応する。そして、イドに由来する衝動は大脳辺縁系の奥深くでくすぶっていて、周期的に爆発するというのだ。

高等な論理的プロセスを下等な情動的プロセスと厳密に区別することは、とかく二分しがちな（善悪、高低、リベラルと保守など）私たちには魅力的な考え方だが、自身のことを少し振り返ってみれば、私たちの脳がそのようにはなっていないことは明らかだ。

たとえば、ポストに届いた郵便物をざっと確認していて、あなたに宛てた裁判所からの封筒を見つけたとしよう。あなたはきっと、この郵便物をほかのどうでもいい郵便物とまったく同じようにあつかおうとはしないはずだ。そしておそらく、体のどこかになんらかの不快感を覚えることだろう。ちょっとめまいがしたり、呼吸が浅くなったり、胸やお腹がわずかに締めつけられるような感じがしたりするかもしれない。

このような感覚は、あなたの大脳皮質と大脳辺縁系が協調して働き、この手紙を潜在的な脅威（「なにか訴訟に巻き込まれたのかしら？」）であると認識したために生じたものだ。この例では、少なくとも主観的には、理性的に知ることと、情動的な反応とが連続的ではなく同時に起こっている。

顕微鏡レベル・分子レベルで見た脳

さて、私たちはこれまで、肉眼で見える脳について論じてきたが、実際の反応は顕微鏡レベル、または分子レベルで起こっている。顕微鏡下で見ると、すべての脳細胞（ニューロン）は同じようなつくりをしている。

神経細胞へ入る情報は、薄く繊細なつくりをした枝のような樹状突起を介してもたらされる。神経細胞から出ていく情報は、軸索とよばれる長い主根のような構造を通って伝わる。神経科学者は高性能の顕微鏡で細かに観察することで、ニューロン同士が物理的につながっているのではなく、接合部位でわずかに離れていることを見いだし、これをシナプスと名づけた（ギリシャ語で「接触する」の意）。

ニューロンの軽く50倍以上存在しているのがグリア細胞で、最新の知見によれば、脳の構造を保ち、ニューロン同士の情報伝達のスピードアップにも寄与し、ニューロンによる情報伝達を補助しているといわれている。

脳内での情報伝達では、電気的な反応と化学的な反応とが起こる。まず、電気的な神経インパルスが軸索内を通り抜けてシナプスへ到達し、そこで化学物質（神経伝達物質）の放出をうながす。放出された神経伝達物質はシナプスを横切り、接合しているつぎのニューロンに結合して電気的に興奮させる。

気分や考えは、これらの神経伝達物質の影響を受けると考えられている。プロザックやその後継の薬がうつに有効であるのはそういう理由からだ。そして、こういった精神薬理作用が存在すること自体が、私たちの精神プロセスに関する不気味な事実を教えてくれる。

神経伝達物質やその受容体の種類や濃度を変えることで、私たちの考えや情動体験が影響を受ける。ひょっとすると、決められてさえしまうとしたら、考えや情動とは一体なんなのだろうか？

脳に関して細胞レベルで考えたとき、明らかに正しい事柄が二つある。一つ目は、脳の複雑さやユニークさは、物理的な構成からはまったく説明がつかないということだ。脳はごくありふれた、炭素、水素、窒素、リン、そして、わずかに含まれる他の元素からできている。この単純な組み合わせは自然界のあらゆるところで見ることができ、脳の力や比類のなさを説明するものではない。

二つ目は、脳がコミュニケーションするために使う化学物質であるメッセンジャーの多くが、8億5000万年以上もさかのぼることができる単細胞生物からも見つかることだ。すなわち、もっとも原始的な生き物も、私たちと同様に、電気的興奮と化学物質によるシグナル伝達の組み合わせでコミュニケーションをとっていたと考えられる。

神経伝達物質の正確な数はわかっていないが、各神経伝達物質は複数の受容体を使い分けており、これが脳の多様かつ繊細な反応を可能にしているようだ。そして、脳全体を説明しようとする試みが不可能である理由の一つが、この受容体の多重性にある。実際、ごく短いタイムスパンを除き、脳の中でなにが起こるかを予測することは、小スケールでも大スケールでも無謀だといえる。さらに推測することさえ難しいことといえば、私たちの内的思考や情動など、主観的世界で起こっていることと、脳で起こっていることとの関係だ。

私たちが現在見ている脳は、コロンブスの時代に地図製作者が見ていたこの世界と似ている。

すでに知られている地域（脳の機能についてマクロレベルと分子レベルでたくさんのことがわかっている）と、現在探索されつつある広大な地域（脳のいろいろなことが現在進行形で急速にわかりはじめている）と、もっとも豊かな想像力をもってしても想像がおよばない、残された秘境とで形成されているというわけだ。

脳を鍛えるにはどうすればよいか？

スーパーブレインの作り方

脳には可塑性、すなわち、経験に応じて変化する能力が備わっている。そのため、脳を超越した脳、スーパーブレインを作り出せる可能性は十分にある。もしも可塑性がなかったとしたら、脳はコンピューターや機械と同じようなものになってしまい、適応する力をもち得ないだろう。

脳の可塑性がもっとも高いのは、乳児のころである。この世に生まれて最初の数カ月間、脳の大きさや複雑さが増大するころ、脳の細胞は環境と相互作用し、他の細胞とつながってネットワークを形成しはじめる。さらに経験を蓄積すると、これらのネットワーク同士がつながり、回路が形成される。

乳児から光や音、他者との関わりといった刺激を奪うと、脳の発育は止まってしまう。可塑性は、乳児期や小児期だけではなく、成人になっても、老年期でさえも重要である。脳は可塑性を原動力とする、生涯をかけて発達し続ける器官なのだ。

人生経験に応じた脳の変化には十年単位で起きるものもあるし、数日単位、数時間単位、数秒単位でも起こっている。今日のあなたの脳は昨日のあなたの脳とは違う。その違いは、昨日から今日にかけてのあなたの経験によってもたらされたものだ。

可塑性があるおかげで、脳は環境が充実している限り常に進歩し続けられる。このことは、動物実験でも明らかになっている。マウスなどの実験動物におもちゃや知的能力を要する課題、報酬を与えると、知性を試す試験（たとえば迷路）の成績がよくなる。

これと同じ原則は私たちにも当てはまる。よりおもしろく、目新しい世界にしていこうと努力することで、私たちの脳はより効率よく機能するようになっていく。私たちはより賢くなり、精神的に困難な状況にもよりうまく対処できるようになる。

私たちは、見る物、やること、想像すること、そしてなにより学習したことに基づいて脳の細胞の構成に新たなパターンを作り出していく。新しい情報に接すると、脳にある数百万の神経細胞の中に新しい回路が作られ、既存の回路とつなげられる。新しい刺激や多くの課題が与えられる環境で飼育された実験動物は、なにもないケージで孤独に暮らしていた個体に比べて、一つのニューロン当たりのシナプス形成数が25％多いという。環境を充実させることで、脳の発達や性能を強化できるのだ。合い言葉は、「経験を変えよ、そうすれば脳が変わる」だ。

言語は脳の強化にどう影響するか

スーパーブレインを作りたければ、赤ん坊が生まれてすぐに取りかかるべきだろう。脳内イメージング技術の革新により、今や研究者は母親の腕に心地よく抱かれている乳児の脳の血流パターンも可視化することができる。

そして、この技術を使うことで、研究者はつぎのような重要な問いに対する答えを見いだした。それは、「赤ちゃんが母語の単語や文章を構成する小さな音声単位を理解するときに、脳のどの領域やシステムが働いているのか？　また、生まれてすぐ二カ国語に接した乳幼児の脳にはなにか違いが見られるのか？」というものだ。

前提として知っておくべき重要なことは、世界中どこで生まれた乳児でも、周囲の人がなんの言語を話しているかによらず、だいたい同じペースで話しはじめるという事実だ。これは驚くべきことではない。すべての話し言葉において、意味は、音素によって伝えられるが、音素はそれほど多くはないからだ。英語で使われている音素はわずか38個ほどであり、世界中のすべての言語の音を合わせても２００程度しかない。

乳児は生まれつき、それまで一度も聞いたことがなく、今後二度と聞くこともないであろう言語についても、言語音の違いを聞き分ける能力をもっている。このことは、世界中の言語に見られるすべての音について当てはまる。この驚くべき天賦の才は、生後10～12カ月で消えてしまう。このころから、乳児の言語音を聞き分ける感受性は、日々聞いている言語にのみ向けられるようになる。

1歳未満の乳児とは異なり、大人にとって外国語の言語音を聞き分けるのは困難なタスクだ。このことは、第二言語を学び、二カ国語に精通している人であっても変わらない。

たとえば、英語を母語とする人が大人になってからスペイン語を学んだ場合、スペイン語のbとpの音を聞き分けることが難しい。同じように、日本語を母語とする人には、英語のrとlを聞き分けることが難しい。rake（熊手）とlake（湖）という最小対語（ミニマルペア）のどちらを言われたかは、前後の文脈から判断しないといけないのである。

しかし、生まれつき二カ国語に接している乳児はこのような困難を経験しない。バイリンガルの赤ちゃんは、一カ国語のみに接するモノリンガルの赤ちゃんに比べ、両方の言語の音声単位に対して、より感度が高く、独特な脳の活動パターンを示す。特に重要な領域が二つあって、一つ目は上側頭回（STG）として知られる領域で、単語中の音素の区別（baとpaなど）を担っている。二つ目は左下前頭回（LIFG）で、単語の意味や構文に関わる領域だ。

一カ国語しか接しない赤ちゃんの脳では、母語ではない言語を聞いたときにSTGの活性が落ちるが、バイリンガルの赤ちゃんではそれが起こらないため、バイリンガルの赤ちゃんは言語処理の面で有利だと考えられる。赤ちゃんを生後早いうちから二つ以上の言語に触れさせることで、世界中の言語にある言語音を聞き分ける力を失うまでの10～12カ月という期間を延長できるといわれている。

新しい言語を学ぶことはなにも新生児や子どものときだけ脳の機能強化につながるわけではなく、生涯にわたって効果的である。ただし、新しい言語の習得にあまり興味がわかないからといって、絶望することもない。母語の新しい単語を学ぶことによっても、主に左半球に存在するといわれる言語中枢や、単語を処理しワーキングメモリに保管する（この重要な機能については後述）前頭前野を強化できる。

認知プロセスの訓練方法

スーパーブレインを作るときには、心理学者が認知とよぶものを構成する成分が重要となる。認知とは、注意を向け、同定し、行動するために脳が行う高次のプロセスのことを指す。簡単にいえば、認知は私たちの考え、判断、行動、それに随伴する気分のことで、そこには用心深さや集中力、知覚速度、学習、記憶、問題解決力、創造力、精神的持久力などが含まれる。以下にあげる認知プロセスを訓練することで、私たちの脳をスーパーブレインに少しずつ近づけることができるはずだ。

精神にとっての注意力は、体にとっての持久力やスタミナだととらえよう。アスリートもスタミナがなければスポーツで成功できないように、脳を最大限機能させたければ注意力がないとだめだ。注意力を強化するには、以下のようなトレーニングをすればよい。

3インチ×5インチのインデックスカードをたくさん準備して、それぞれに「赤」か、「緑」と書こう。このとき、単語とそれを書く文字の色を同じにする（緑のペンで「緑」と書くなど）カードと、単語と文字の色が一致していないカード（「緑」を赤いペンで書き、「赤」を緑のペンで書くなど）を数枚ずつ用意する。

カードをシャッフルし、つぎのルールに従いながら一枚ずつめくっていこう。①「赤」や「緑」という単語が緑で書かれているカードを見たら、その単語を声に出して読み、テーブルを2回たたく。②赤で書かれているカードを見たときは、なにもしない。このエクササイズはさほど難しくはなかったのではないだろうか。たぶんそれは、あなたが物心ついてからずっと、日常生活で似たような場面に何度も遭遇しているからだ。緑は進め、赤は止まれ。つまり信号だ。

では、今度はこのエクササイズを、ルールを変えてやってみよう。赤で書かれたカードを見たら、テーブルをたたき、その単語を声に出して言う。緑で書かれたカードのときはなにもしない。できる限り素早くやってみよう。

やってみれば実感すると思うが、こちらのエクササイズは間違えずにやり遂げることがかなり難しい。なにもしないときの条件が先ほどとは変わっていることに加え、言葉（どちらかの色のときだけ声に出す）と運動（どちらかの色のときだけテーブルをたたく）の両方が変わったため、ずっと注意を払っていないといけないからだ。

そのうえ、声を出しても机をたたいてもいけないほうの色で書かれている単語を見たときに、その単語に反応したいという強い衝動を抑え込まないといけない。この困難さはなにに由来するのだろうか？　それは、私たちが人生を通して経験している、書かれている色ではなく、書かれている内容のほうにより注意を払うという習慣だ。

このウォーミングアップを十分に行ったら、注意力にさらに磨きをかけるために、あなたの身の回りで起こっていることに注意を払うように努力しよう。ショッピングに出かけたり、スポーツや文化的な活動を楽しんだりしているときなど、毎日の暮らしの中に注意力を強化するチャンスは転がっている。周りにいる人々はどんな服を着て、どんなアクセサリーをつけているだろうか？　彼らはどんな話を、どのような順番で話しているだろうか？

注意力とは、他の認知スキル、特に記憶力を豊かにするための導管のようなものである。

―記憶力

記憶力というのは注意力を拡張させたものである。あなたがなにかに注意を集中させると、それを思い出せる確率があがる。私たちは過去の経験から学ぶことができるが、それも思い出せる範囲に限ってのことだ。

記憶はまた、自分が何者であるかに関する情報を貯蔵しておく場所でもある。これを忘れてしまうのは、自己同一性障害の一種だ。反対に、より多くのものごとを思い出すことができれば、限度はあるが個性はより豊かになっていく。物理的にいうと、私たちが新しいことを学習するたびに、その新しい知識は脳の神経回路の数や複雑さを増加させる。

残念ながら、現代文明の発展は記憶力を向上させる助けにはならない。グーグル検索で瞬時に得られる情報や、携帯電話の画面にすぐによび出せる情報をわざわざ覚える必要があるだろうか? そのようなわけで、私たちは皆、記憶力減退の危機に瀕している。ただし、まだ挽回可能だ。記憶力のトレーニングは、体力のトレーニングと一緒で、個人的な努力にかかっている。

まずはシンプルに、数字の並びを覚えることから始めよう。4桁からはじめて、9〜10桁までの数字のリストを作る。ランダムな数字の並びのリストを作ったら、ひとまずこのリストはしまっておく。しばらく時間をおいたらリストを取り出し、各数字の並びを読み、リストを隠して、たった今読んだ数字を声に出して暗唱してみる。きわめて単純な作業のように思えるだろうが、数字の並びを記憶することで、情報処理のもっとも初期の段階の効率が向上するのだ。学習の質は初期段階で情報をどれだけ効率よく処理できるかにかかっているため、このステップを軽んじてはいけない。また、桁数の多さは、読む力、注意力、集中力、配列化（シーケンシング）、計算能力、聴覚記憶や視覚記憶とも相関することがわかっている。

記憶力を高めるテクニック

超高性能な記憶力を開発する方法について語った本は山のように出版されている。共通して、以下の5つが重要であると説かれている。

——記憶しようとする対象に注意を払う

注意を向けないことには、符号化できない。誰しも、人を紹介された直後に名前を忘れてしまった経験があるだろう。それは、そのときになにか違うことを考えていたからだ。あなたの注意はほかに向けられていたのである。

――複数の感覚器を動員する

情報を声に出さずに暗唱してみたり、書き留めてみたり、声に出して言ってみたり、短い言葉であれば、人差し指で手のひらにその言葉を書いてみたりする。このような一連の動作をすることで、複数の感覚器から情報が脳に流れ込む。

――情報を画像で記録する

脳は基本的に、画像を取りあつかうのが得意だ。誰か友人のことを思い浮かべてみてほしい。そして、思い浮かべたままで、しばし心の中に留めていてほしい。今、あなたは友人のことを、画像で思い浮かべているのではないだろうか？　友人の名前が心の中のスクリーンに文字で刻印されているという人はおそらくいないだろう。実は、数式のようなきわめて抽象的な情報ですら、心の中では画像で描かれているのだ。

――自分の人生経験に基づいたオリジナルな記憶術を構築する

記憶術のエキスパートたちいわく、これが記憶力全般を高める基盤となるようだ。私自身は、自宅近くの12の場所を、心の中にいつでも思い出せるようにしている。12個までの情報を覚えるときは、心の中で先ほどの12の場所の前に覚えたい情報を一つずつ置いていく様子をイメージする。そして心の中でそれらの場所を散歩しながら、前に置かれている情報を眺めるのだ。

――覚えたい情報を思い返す

年をとればとるほど、人生を通して私たちの中に蓄積されていく情報の量は増えていく。そして、古い情報が新しく情報を覚える妨げになるという、心理学用語でいう「順行干渉」という現象を引き起こす。長生きすればするほど、新しい記憶の定着に干渉するたくさんのものごとが記憶の中に貯まっていくというわけだ。

「老犬に新しい芸を教えることはできない（老木は曲がらぬ）」ということわざはまさにこのことを指している。順行干渉を克服する最善の方法は、新しく覚えようとしている情報を何度も繰り返し思い出すことだ。反復を重ねることで、新しい情報が古い情報を置き換えてくれる。

ちょうど、電話番号が変わってしばらくすると、新しい番号が記憶の中の長年覚えていた番号を置き換えるように。

知性向上の鍵はワーキングメモリ

強化すべきもっとも重要な種類の記憶はワーキングメモリだ。これは、主に前頭葉にある記憶で、情報を「オンライン」の状態に保ち、他のことに注意を向けているときにもそれを読み出すことを可能にする。先ほど3×5インチのカードを使ったエクササイズに取り組んでいた間、あなたはワーキングメモリを使っていた。カードをめくる間、いつ声に出し、テーブルをたたくかといったルールを「心に留めて」おく必要があったからだ。

ワーキングメモリの欠陥は、注意欠陥・多動性障害（ADHD）の子ども（成人も！）の注意散漫さや学業成績悪化の要因ともなる。複雑な議論を理解することもワーキングメモリなしには難しい。結論を支持すると思われる推論を記憶しておけなければ、その結論の妥当性を判断できないからだ。

ワーキングメモリが向上すると、脳の前頭葉の活動は低下する。つまり、訓練すればあなたの脳は前ほど頑張って働かなくてもよくなる、というわけだ。また、もっとも重要なこととして、ワーキングメモリは全般的な知性や推論になくてはならないものだと考えられている。ワーキングメモリの容量が大きければ、ＩＱも高い。心にもっとも多くの事柄を留めておくことができる人は、ものごとを多くの側面から同時に考える能力を有しているといえる。

ワーキングメモリ向上のためのエクササイズにはつぎのようなものがある。トランプをシャッフルして、テーブルの上に伏せておく。２種類のカード、たとえばエースとクイーンを選びトリガーカードとする。そして、１枚ずつトランプをめくって見て、捨て札の山にまた伏せて置いていく。エースかクイーンを引いたら、その２ターン前に引いたカードがなんだったかを声に出して言う。

これをうまく行うためには、カードをめくるたびになんのカードだったかを絶えず心の中に記録していく必要がある。新しいカードをめくるたびに、２ターン前のカードは変わっていく。このやり方に慣れてきたら、つぎは３ターン前のカードを記憶するようにしよう。このようなエクササイズを通して、注意力や集中力とともにワーキングメモリも改善できる。これらは加齢とともに衰えてくる主要機能であることから、老年期に脳機能を高いレベルで保つためのエクササイズとしても有効だ。

思い出すことで記憶する

脳の力を増大させるもう一つの方法は、新しい情報をどれだけきちんと思い出せるか、自分自身で何度もテストすることだ。昔から、教師は生徒に対し、新しいことを学習し、覚えるためには勉強することが重要であると執拗に説いてきた。勉強すればするほど、情報をきちんと留めておけるのだ、と固く信じられていたわけだ。

その際、学習とテストとは独立したプロセスであって、たがいにほぼ無関係なものだと考えられていた。テストすることは、学習プロセス自体になんの貢献もしない、と思われていたのである。そのために、ほとんどの教師は、同じ範囲について再テストすることは無駄であり、そこから得られるものはないと考えていた。しかし、この考え自体をテストしてみたところ、その結果は驚くべきものだった。繰り返しテストすることで、繰り返し勉強するよりも高い学習効果が得られたのだ。

研究者らが、テストの繰り返しによって学習効果が増強することを証明した方法はつぎのようなものだ。40個のスワヒリ語の単語（たとえば、*mashua*［舟］）を覚えないといけないとしよう。

それには、あなたがスワヒリ語に堪能でない限り、単語を繰り返し勉強する必要があるはずだ。しかし、実験結果によれば、ある時点を越えると、さらに時間をかけて単語を勉強するよりも、自分自身で繰り返しテストするほうが、長期記憶再生の改善効果が高いという。

テストすることは、情報を能動的に再構築することを強要するからだ。そして、このプロセスこそが、学習効果を高めるのだ。テストを受ける（大人になってくれば、テストすることのほうが多いが）たびに、私たちは情報に関する記憶を強化している。つまり、新しく学んだ事柄を記憶するには、その事柄を要約するテストを繰り返し自分で自分に課せばよい。繰り返すごとに、学習した事柄への理解を定着させることができる。

想起とは静的なプロセスではなく、動的な性質をもつプロセスなのだ。その過程では、カナダの心理学者ドナルド・ヘブが提唱した、ニューロンのネットワークが協調して働く「細胞集成体」が形成される。細胞集成体内の一つの細胞を活性化させると、その集成体に属する他の細胞も発火しやすくなる。そうして、記憶を想起するたびに、ネットワークは強化されていく。

学習したことに対応する細胞集成体が活性化されるときには、二つ目の原則も作用している。あなたが新しく学んだ情報は、コンピューター上の読み取り専用ファイルのようにして脳内に存在しているわけではない。新しい記憶は動的なものだ。生化学的研究から、私たちがなにかを思い出すときはいつも、脳の中で特別なタンパク質が合成されていることが明らかになった。つまり、私たちの脳は、再生したものの再固定化バージョンを新規作成しているということだ。記憶した事柄を復習すればするほど、記憶のトレースがたくさん作られ、その後再生しようとするときの助けとなる。これが、自分自身へのテストを繰り返し、一度ではなく何度も心の中に情報をよび起こすことの意義である。先進的な教師はこの原則を指導スタイルに取り入れはじめており、すでにテストした内容について期末テストでもう一度出題したりする。

そして、スーパーブレインを構築する最終手段は、電子機器の助けを借りることだ。このアプローチはやりすぎると認知機能低下を引き起こしかねない（「機械は脳をだめにする？」を参照）が、科学技術は脳機能の重要な側面の強化に使える。

たとえば、チェスの上達のために指南してくれる市販のチェスプログラムを使うことは有効だし、スポーツの腕前を向上させるために、自分の動きを動画にとって何度も見返すのもよい方法だ。同じように、記憶のテストや再テストの助けとして、ボイスレコーダーを使うのはいい手である。

スーパーブレインへの道はそれほど険しくない

スーパーブレイン構築の大部分は、私たちが前述のようなトレーニングを行い、脳の機能を向上させるためにどれだけ時間を費やし、努力する意思があるか、にかかっている。しかし、意外にもここで要求される努力の量はそれほど多くない。

アメリカ国立衛生研究所（ＮＩＨ）の研究によれば、脳機能は「推理力」、「記憶力」、「高速な精神的処理」という三つの機能の強化を目的としたトレーニングで増強できるという。この研究では、60～75分間のエクササイズを10個行うことで、劇的な変化が起こった。記憶力は75％改善し、推理力は40％改善し、反応速度は３００％も向上したというのだ。

ところで、スーパーブレインを作るためにこれまで提案した事柄はすべて、努力と訓練に効果があることを前提としている。実はこのこと自体、最近までは検証可能な仮説ではなく信念の類だと思われていた。しかし、心理学者アンダース・エリクソンによる研究のおかげで、私たちは今や探究トレーニング（deliberate practice）が脳の性能を向上させることを知っている。エリクソンの唱える探究トレーニングとは、習慣化することを避け、絶えず意識しながら（一心不乱に）実施するトレーニングを意味する。

ミュージシャン、チェスプレイヤー、記憶の達人を対象としてエリクソンが行った研究では、優れたパフォーマンスと一日当たりのトレーニング時間数との間に相関が認められた。エリクソンの研究は、可塑性と探究トレーニングの組み合わせによって、スーパーブレインを作り出せることを裏づけたのだ。

そのようなわけで、もしあなたがスーパーブレインをもちたいと思ったら、注意力、観察力、記憶力全般、ワーキングメモリを高めるための努力をすればよい。トレーニングをして、頻繁に自分にテストを課すことだ。また、エリクソンが指摘したように、探究トレーニングを十分な時間、十分な強度で行えば、脳のパフォーマンスを最高レベルに引きあげることができるだろう。

感覚とはなんだろうか？

あるがままにものごとを見る

感覚は通常、思考や感情、情動経験に劣る精神的なプロセスであると考えられているが、実際のところ最初にもたらされるのは感覚である。感覚こそが原材料であり、あらゆる思考や感情はここから立ちあがる。

女優エレン・バースティンが、ジャーナリストであるジョナサン・コットとの対談において、感覚と感情との関係について述べている。彼女は深い悲しみを表現するシーンを演じる準備をしていたときのことを話した。「直接的にアプローチするなら、実際に深い悲しみを味わったときのことを思い出せば、感情もよみがえってくるわ」。

一方で、感覚からその経験にアプローチしても、やはり感情は立ちあがってくるという。「私はそのときに着ていた服のことを思い描いて、その服を指先で触った感触を感じることができるかやってみるの」。そして、そのときにいた部屋のこと、窓の位置、彼女のほおに当たる光の向き、そして部屋の匂いまでも思い出そうとする。「私はすべての感覚を一とおり復習するの。見聞きしたものもすべて」。

この方法では、記憶と感情は感覚から生まれる。「感覚の記憶を作れば、感情の記憶もついてくる。最初に感覚の記憶さえ作ればよくて、そこから感情の記憶が出てくるのよ」。

ここでは、バースティンは感覚を使って自己の過去の経験とのつながりを再構築する方法について語っているが、もう一歩踏み出せば、自分の感覚をもとに他者の経験を感じることも難しいことではない。

「思いやり（compassion）は、他の人の立場に立ち、彼らが感じるように感じられる能力のこと。」と、バースティンはこの話の中で「思いやり」についても語っているが、この考え方は共感にも当てはまる。誰かの「靴を履いて」（訳注：「相手の立場に立って考える」という意味の慣用表現。〝put yourself in someone's shoes〟）、彼らの感覚を経験するというわけだ。彼女が指摘するように、共感体験をより鮮やかなものにするのは、自分の感覚だ。

感覚と知覚は微妙に違う

感覚と知覚は似たもの同士にみえるが、微妙に違う。感覚というのは、感覚器を用いて情報を受け取ることを指す。一方知覚は、私たちがその感覚情報を解釈することである。

天気のよい夜に星を見あげれば、私たちの目は、はるか彼方の星々からはるか昔に放たれた光の波を感じる。しかし、私たちがその経験を「星を見ている」と解釈したとき、これは知覚になる。感覚は現在進行形だが、その対象物を私たちが知覚した結果、それが数光年先から届いているものであることを理解できるのだ。

さらに言うと、感覚は、私たちの興味や経験に応じて決まる、ただ一つの知覚をもたらすことができる。たとえば、ワイン愛好家やプロのミュージシャンは、下戸や音楽の素人は気づかない、味や音の「調子（note）」や複雑さを知覚できる。

そうはいうものの、感覚と知覚は常に簡単に区別できるようなものではなく、ときに混じり合い、明確な区分けを不可能にする。赤い光を見たときにあなたの中に生じる赤いという感覚は、あなたがこれまでの人生で経験したことのあるあらゆる種類の赤を踏まえた、赤という知覚と共存している。

また、感覚は一人ひとりの予想やニーズに応じた、異なる知覚を生み出す。勉強中に窓の外から騒々しいクラクションの音が聞こえたときの感覚は、心の中に生じる苛立ちと切り離すことはできない。このときは、単にクラクションの音だけを感知しているのではなく、プライベートな空間で求めていた静寂を侵すものとしてその音を知覚している。

感覚が私たちをだますとき

私たちは感覚を通してのみ世界を知ることができるわけだから、感覚が操作されてしまえば、存在しないものを経験したり、誤った結論にいたったり、正当化され得ない感情をもったりすることは至極当然である（「心は私たちを欺くのだろうか？」を参照）。私たちに世界について教えてくれる感覚は、私たちをだますものにもなりうるのだ。

たとえば錯覚。これは、感覚器から送られてくる情報に合理的な理由を求めたがる本能のなせる技だ。通常、私たちが誤った知覚を得るのは、感覚器からの情報が誤っているからではなく、その解釈を誤るからである。たとえば蜃気楼は、正確な感覚情報（太陽の光が遠方の砂に反射している）が誤って知覚された（砂の上にゆらめく光は、遠くに湖がある証拠だ）結果、誤った結論（あの湖までいけば、水を飲めるぞ）にいたるものである。

デカルトはこれについて興味深い見解を示している。私たちの感覚が私たちをだましたようにみえるとき、その原因はしばしば、感覚から得られた情報を誤って解釈した結果もたらされる誤った推論にあるというものだ。

黄疸患者が自分の見るすべてのものが黄色であると思い込む場合、かれのこの考えは、想像がかれに示すところと、かれがみずから想定するところ、すなわち黄色の見えるのは眼の欠陥のゆえでなくて見られる事物が事実上黄であるゆえだということ、とから複合されている。このゆえに、われわれが誤りうるのは、ただ、真と信ずる事柄をみずから或る仕方で複合する場合のみである、ということになるのである。

（岩波文庫『精神指導の規則』デカルト著・野田又夫訳）

すなわち、「見ることは信ずることである（seeing is believing）」という伝統的な格言があるが、「信じることは見ること」でもあるわけだ。

ウィリアム・ジェームズはさらにもう一歩踏み込み、私たちの感覚が私たちの概念体系の礎となると述べている。著書『心理学原理』の中で彼は、盲目の人がもつ空の青さという概念は、歯が痛くなったことのない人が歯の痛みを理解しようとすることに似ていると述べている。

確かに盲目の人は空の青さに関するあらゆることを概念としては知っているかもしれないし、私もあなたの歯の痛みのすべてを概念的には知っているのかもしれない。しかし、盲目の彼が青さを感じたことがなく、私も歯の痛みを経験したことがない限り、私たちがもつ知識は、たとえそれがその実体そのものに匹敵するほどに幅広い知識であったとしても、空虚で不完全なものだ。人は青を感じ、歯が痛くなったことがなければ、これらの知識を本物とすることはできない。感覚から生じない、または感覚が失われた概念体系は橋脚のない橋のようなものだ。橋の橋脚がその下の岩に突き刺さっているように、事実に関する体系も感覚に深く根ざしていなければならない。感覚とは……思考を支える巌なのだ。

別の箇所においてジェームズは、想像が偽の感覚を生み出すという可能性を排除している。

「しかしながら外部から一度も刺激されたことのない感覚はいかなるものであれ、その心的模写が心に生ずることはない」。

（岩波文庫『心理学』W・ジェームズ著・今田寛訳）

ここでジェームズは、「クオリア」という語を使ってはいないものの（クラレンス・アーヴィング・ルイスが1929年に『精神と世界の秩序』で初めてこの語を提唱した）、彼は哲学者たちが「クオリア」とよぶもの、すなわち、主観的な意識経験の「質感」のことを論じている。

感覚の描写は、コミュニケーションを通じることによってのみ達成されることから、感覚経験が「どんな感じ」かについては、本質的に孤立したものとなる。あなたは、私であることがどのような感じかを知ることはできない（し、逆もまたしかりである）が、これは、私たち一人ひとりの考え方が異なるからというよりは（これはもっとあとの段階の話である）、私たちの感覚が異なるからなのだ。

この違いはしばしば、感覚器レベルで生じている。事実、近眼の人もいれば視力1・5の人もいるし、絶対音感をもつ人（将来はプロの音楽家かもしれない）もいれば、音痴（ときどきコンサートに無理やり連れていかれては、つまらない時間を過ごすことに苛立つ大人になることだろう）もいる。

身体の状態と感覚の関係

私たちの感覚は、身体の健康状態に影響される。チャールズ・ディケンズの『クリスマス・キャロル』に登場するスクルージによれば、消化機能すらも影響を与えるらしい。スクルージが彼の仕事上のパートナーであった故ジェイコブ・マーレイの幽霊と出くわしたときのやりとりを見てみよう。

「お前は私を信じないね」と幽霊が言った。

「信じないよ」とスクルージは答えた。

「お前の感覚よりほかに私の正体についての証拠はないじゃないか」

「分からないね」とスクルージは言った。

「お前さんはなんだって自分の感覚を疑うんだ?」

「感覚なんてものは、ちょっとしたことで狂うからさ。ほんのちょっと胃袋のぐあいがわるくても、感覚が狂ってくるよ。お前さんはこなれきれなかったひときれの牛肉かもしれないし、一たらしのからしか、一きれのチーズか、なまにえのじゃがいも一個かもしれない。いずれにしてもお前さんはグレーヴ(墓)よりもグレーヴィ(肉汁)の方に縁がありそうだよ」とスクルージは言った。


(新潮文庫『クリスマス・キャロル』ディケンズ著・村岡花子訳)

スクルージが、彼自身の感覚からくる証拠を信用しようとしなかったのは、その当時、人間の精神の営みは身体の健康状態によって決まると広く信じられていたからである。ゆえに、消化不良や、体内のなんらかのプロセスの異常が、(幽霊を見てしまうほどまでに)見聞きすることに強い影響を与えうるわけだ。

今日でも、私たちは見たり信じたりすることを決めるのに感覚が一役買っているとなんとなく思っている。たとえば、ダイエット中は空腹感から、他人が食べているもの、しかもそういうときに限って食べたくなる高カロリーの食べ物に注意がいってしまう。そして、そんな風に周りを気にしてばかりいると、彼らがおいしそうに食べているものを自分が口にできないことがわかりきっているために、だんだんイライラして怒りっぽくなってくる。

私たちの心構えは常に身体の状態の影響を受け、その結果として私たちの感覚がなにを取り入れるかが決まる。ユダヤの格言にあるとおり、「私たちはものごとをあるがままに見ているのではなく、自分のあるがままにものごとを見ている」のである。

感覚により作られる個性

感覚は、よくも悪くも、私たちの個性の成形に関わっている。視力がよければ、芸術作品を生み出したり批評したりするときに求められる、細部にまで注意を払う力が得られるかもしれない。音に対する感受性が高い人は、騒がしい場所でより不機嫌になりやすい。

感覚はまた、職業選択にも影響をおよぼす。手先が器用な医学生は、不器用な同級生に比べて外科に向いているといえる。

感覚の欠落もまた、その影響がおよぶ範囲において個性を形作る。たとえば、年老いてから耳が聞こえなくなった老人が聴力を失ったことで偏執的になることがある。そして、周囲のよく聞こえない会話はみんな自分の悪口だと思い込んだりする。

年齢や聴力がどうであれ、脳は感覚情報を意味のあるネットワークに組み入れようとする。聴力がある閾値を超えて低下したら、その結果は単純に物が聞こえにくくなることにとどまらない。その意味までもが影響を受け、先ほどの妄想癖の老人のような結末にいたる。

感覚とは脳に情報を送り込むだけの筒のようなものではなく、ネットワークの一部をなすものなのだ。劇場で誰かが「火事だ！」と叫んだとしたら、あなたはその音声信号や単語を聴くだけにとどまらない。あなたはただちに、恐怖やパニックに引き込まれる。私たちの感覚は脳に情報を提供するだけではなく、その反応を形作るのにも一役買っているのだ。

たとえば、私たちがある風景を見る場合、そのプロセスはカメラとは大きく異なる。カメラは一つのレンズで見るが、私たちはたいてい、二つの目と二つのレンズで見る。また、イギリスの画家デイヴィッド・ホックニーの言葉を借りれば、私たちは外からその風景を眺めるわけではなく、常にその中にいる。私たちは恐ろしく複雑な四次元の世界（四次元目は時間だ）で働く生物学的検出器というわけだ。

ところで、先に述べたとおり、視力、聴力、その他の感覚器に個人差があるおかげで、感覚チャネルの処理プロセスは個々人ごとに大きく異なる。それゆえ、私たちは、自分が見る赤色が、他人が見る赤色とまったく同じであるかどうかたしかめる術をもたない。おそらくこれが、ある人にとってまったく問題ない配色が、他の誰かには「うるさすぎる」とか、場合によっては目障りだととらえられてしまうことの部分的な説明になるだろう。

感覚器の生まれつきの検出感度の違いに加えて、私たちが集める感覚情報もまた、私たちの興味に大きく依存している。特に視覚に関しては、ホックニーに言わせると「目は心についている」というほどである。ホックニーのような芸術家は、芸術家ではない他の大多数の人間には見えない世界を見ている。他の分野のエキスパートもまたしかりだ。

感覚同士の結びつき

私たちの言語には、異なる感覚に対応するはずの語が混在する表現がある。「あなたの考えが読めた」「彼のネクタイの柄はうるさい」「彼女には旦那さんのすがるような表情も響かないみたい」などだ。

ある感覚と別の感覚とが置き換わるもっとも顕著な例は、共感覚という、一つの感覚が無意識的に別の感覚を生じさせる現象である。自閉症でサヴァン症候群のダニエル・タメットは数字に形、色、手触り、動きを見る。「1は輝く明るい白、まるで誰かが僕の目に向けて懐中電灯を当てているみたい。5は雷鳴や、岩に当たって砕ける波の音。37はオートミールみたいな粒々した感じ。89は舞い落ちる雪みたい」。この共感覚のおかげで、タメットは円周率を2万2514桁まで記憶し、暗唱して有名になった。彼はたった3カ月間練習しただけでこの世界記録樹立(当時)の偉業を成し遂げたのだ。しかも、共感覚はまれで説明のつかない現象というわけではなさそうだ。乳児は皆共感覚者で、年月が経ち言葉を覚えるようになってくるとこの驚くべき能力を失うという説もある。

最近、アルバロ・パスカル＝レオネら神経科学者が共感覚について詳細に観察し、人間のさまざまな感覚の間には、これまで信じられていたほどにきっちりとした境界があるわけではないということを示した。彼が行ったある実験に、通常の視力をもつ被験者に目隠しをして最大5日間過ごしてもらうというものがある。たったこれだけで、被験者たちの脳では一次視覚野が音や触覚を処理しはじめるようになったという。

この変化の速さを見たパスカル＝レオネ氏は「皮質のつながりが新たに作られたとは考えにくい。体性感覚（触感）と聴覚の後頭葉とのつながりがもともと存在していて、今回の実験条件ではそれが見えるようになったということだろう」と述べている。彼はさらに、伝統的な、個々の感覚は分かれたものであるという考え方とは対照的に、脳のすべての皮質領域は「元来、複数の感覚からの情報を処理する能力をもっている」と考えている。

感覚はもともと、さまざまな感覚器がそれぞれある一つの感覚（視覚、音、触覚など）を専門に処理しているものだと考えられてきた。しかし、パスカル＝レオネ氏の新たな知見によれば、一つの感覚器が他の代用もできるということになる。さらに、感覚チャネルが一つ失われた場合、残された感覚が通常の能力を超えて機能しうる。

このことが最初に示唆されたのは、目が見えない人々に関する研究である。早発性の、あるいは先天盲の子どもは匂いを嗅ぎ分ける力や、音節を聞き分ける力、音程を聞き分ける力が優れていることが知られている。優れた聴覚をもつ彼らは、発話によるコミュニケーションで音に含まれる感情をより上手に読み取ることができる。

私自身、数年前に多発性硬化症を患う全盲の女性を治療していたときに、感情を聴覚で読み取るというこの高度な順応を目の当たりにした。彼女は、私が上の空だったり、イライラしていたり、疲れていたりするときの無意識的な（むしろ、自分としては上手に隠しているつもりだった）表現を不気味なほど正確に当てることができた。

彼女のその鋭さを私が讃えると、彼女は私の声と呼吸のパターンから感情がわかると言った。「あなたは私の言っていることを遮ろうとしたり、私の話を早く終わらせたいと思ったりしているとき、ごくわずかだけど息を吸うことが多いんです」と彼女は言った。それからの私が自分の反応をコントロールしようと一層努力したことは言うまでもないが、それでも彼女はわずかな変化を聞き逃すことはなかった。

全盲の人々は触覚にも優れているが、これは指先や舌先に限ったことではない。もっとも特筆すべきは幼いころから音楽を習得する卓越した能力だ。かつて、ピアノの調律は目が見えない人々の間で一般的な職業だったが、これは彼らの音楽に対する優れた感受性によるものだ。

絶対音感も彼らの優れた音楽能力を示す一つの例であろう（絶対音感とは、基準となる音を聞かずにある音を単独で聞かされて、その音の高さを同定または再現できる能力のことだ）。絶対音感を音楽経験がない者がもつことはきわめてまれで、訓練をつんだ音楽家の中でもわずかしか存在しないことが知られているが、全盲者の間ではさして珍しくない。ある研究では、絶対音感をもつ者の割合が普通の音楽家では18％だった一方で、全盲の音楽家では57％にものぼった。全盲の音楽家たちはまた、側頭葉の中で音楽の処理に関わる部位である側頭平面に特徴的な構造をもっていた。

ある感覚と引き換えに他の感覚が増強されている例は、聴覚障害者にも見られる。聴覚障害者は聴覚が正常な人に比べ、読話や、顔の表情から感情を読み取ったり、わずかな違いをもとに顔を見分けたりする能力に優れている。

これらの事柄はどれも、視覚や聴覚を失うことが、そのほかの感覚の発達に影響を与えるということを示唆している。

さまざまな感覚の協調は、脳内の無数の接続や相互接続によって実現されている。そして、これらの接続は生涯、私たち自身の経験の影響を受け続ける。私たちはよく「単なる感覚だ」とか、「そういう感じがしただけ」とか言うが、そんなときは感覚の重要さや、私たちが人生に意味を見いだすために感覚にどれほど依存しているかを過小評価してしまっているわけだ。

意識があるとはどういうことか?

アイデンティティの問題

今この瞬間、この文章を書いている私は、自らの目的を完璧に意識している。実際、このエッセイの中にある文章はどれも、私が自らの意図に意識を向けていなければ書けなかったものである。しかし、文章がどのような文言の並びになるのかを、私は、文章が画面に映し出されるまで知ることができない。すなわち、エッセイを書く私の中には、意識と無意識が混在している。

ここでは、フロイトが言うところの性や攻撃といった無意識ではなく、認知的無意識（思考、想起その他の精神活動）について論じる。実は、私たちの行動のほとんどは、この認知的無意識を基盤としている。

キーボードを叩きこの文章をタイプしている私の指は、脳内の前頭前野、運動野、運動前野の活動にともなって動いている。化学的・電気的変化を計測できるイメージング装置を使えばこれを可視化できる。

しかし、この関係性は、いまだ解明されていない重要な問題を私たちに突きつける。

私の脳のスキャン画像と、私が意識的に特定の単語をタイプすることとの間には、「説明のギャップ」が横たわっている。脳のある領域が正常に機能することは意識をもつために必須だが、それだけでは意識がどのように立ちのぼるかを十分に説明することはできない。

もっともたしからしい説は、意識というものには、解剖学的あるいは機能的回路（おそらく脳内の広い領域にリズミカルに伝わる脳の活動の波）を形成する脳内のたくさんの領域が関わっているというものだ。しかし、今のところ、そのような回路を構成する部品やその正確な実体、そして、それらがいったいいくつあるのかなどは不明である。平たく言えば、私たちは、イメージング装置に現れるものと、一つひとつの文章を書くときにもつ意識の指向性の間のギャップを埋める術をもたない。私の意識の中身にアクセスできるのは、私だけなのだ。

意識があることを証明することの難しさ

人類が脳をいじりはじめてかれこれ300年ほど経つが、私たちはまだ意識の正体について満足いく説明ができない。そもそも、意識を十分に定義することすらできていない。

意識は構成部品に分けられるようなものではない。また、分析する対象というよりは、経験せざるを得ないものだ。私たちは自分自身の意識をいつも経験しているから、他者も同じように意識をもっているはずだと当たり前のように信じている。だが、それを証明することは、他者の意識の中に直接入り込まない限り、不可能だ。

オーストリアの哲学者ルートヴィヒ・ウィトゲンシュタインは、この状態を「箱の中のカブトムシ」と表現した。また、ある哲学者は、意識を定義することの困難さを、盲目の人が暗室の中を手探りで、その部屋にいないかもしれない黒猫を探すことに喩えた。

意識について論じる際には、意識と単純な気づきとを区別する必要がある。映画館で座っているときに周囲がだんだん暗くなっていくと、映画がもうすぐ始まることを意識するより少し前に、照明が暗くなりはじめていることに気づく。この気づきは、人がそのときになにをしていたかによって異なる。友人と一緒にきて、おしゃべりで盛りあがっている人は気づくのが遅く、一人で座っている人は早く気づくことだろう。

「意識」や「気づき」という語の使い方を誤ると、馬鹿げた議論に行き着く可能性がある。たとえば、自動ドアやスーパーのレジに気づきや意識を見いだしてしまうようなことだ。19世紀の生物学者C・ロイド・モーガンが、一見複雑な行動を説明するときには、気づき（や意識）のせいにする前に、単純な物理的解釈を探さなければならないと警鐘を鳴らしたのは、そのようなことを念頭に置いていたからだろう。

先ほどの映画館の例では、気づきがそのまま意識につながっていった。このような連続性についての、もっと身近な例を一つ紹介しよう。あなたは、たった今座っている椅子の背もたれに触れている背中の感触を、どれだけ意識しているだろうか？　たった今この本を（あるいは電子書籍の端末を）もっている手の感覚は？

さて、今あなたは、私があなたの注意を向けさせたからこそ、自分の背中や手を意識しているることだろう。ところで、さっきまでは意識していただろうか？　おそらく、私がそれについて問う前は、背中や手などつゆほども意識していなかったはずだ。私は今、あなたの意識的経験を生み出す働きをしたことになる。

意識というシステム

意識はあらゆる年代において、言語と密接にリンクしている。出生直後の意識的経験について話すことができないのは、その経験を描写するに足る言葉を覚える前のできごとだからだ。これが、私たちが言葉を覚える前のことを思い出せない理由でもある。

叙述するための語彙がなければ、経験から物語を作ることができず、ゆえにそのことを思い出すこともできない。つまり、問題は記憶そのものではなく言語の欠落なのだ。言語は、私たちの意識の礎なのである。

動物たちは言葉をもたないため、ペットの犬や猫がはたして意識をもっているといえるのかについてはかなり疑わしい。愛犬フィドーが餌の時間が近づいていることに気づいたととれる行動をしていたからといって、私たちが夕食を楽しみにしているのと同様にフィドーも夕飯のことを意識しているのだと解釈すると、ペットの経験を誤って擬人化してしまうおそれがある。

ジューシーな肉汁したたるステーキを口に運び、それをお気に入りのメルローで喉に流し込む、美味で楽しい夕食。私たちはそんなことを想像しながら夕食のときを待つことができる。一方、フィドーが自分の餌皿のあるほうにたしかな足取りで歩いていくのを見て、あの犬も今晩の献立についてあれこれ想像を巡らせているな、などと考える人はいないはずだ。

また、注意力や短期記憶を考慮せずに意識をきちんと定義することはできない。たとえば、「どの大学に通っていましたか？」と尋ねたとしよう。おそらく、私がこの問いを発する瞬間まで、あなたは出身大学のことなど考えていなかったに違いない。しかし、だからといってあなたが、かつての学び舎であったオックスフォードやハーバードのことを「意識していなかった」ということになるのだろうか？

フロイトらは、こういう種類の情報は前意識という領域に貯蔵されていて、「意識の注意を引くことができるまでそこに留まっている」と考えた。

一方認知的無意識は、前意識とは違い、意識と分離不可能かつアクセス不可能でありながら、行動、判断、感情に影響を与えるものである。バージニア大学の心理学者ティモシー・D・ウィルソンは「無意識的思考とは進化的適応だ。〈中略〉この無意識的なプロセスがなければ、私たちがこの世界を生きていくのは途方もなく大変だっただろう」とし、このことを「適応的無意識（adaptive unconscious）」と名づけた。

ウィルソンの主張を裏づける例として、たった今あなたが椅子から立ちあがり、部屋を横切って冷蔵庫から飲み物を取ってくる決断を下した場合になにが起こるかを考えてみよう。

そのゴールにいたるまでの道のりのほとんどは、意識的行為とは別のところで起こるはずだ。もしあなたが歩くという動きに過度に意識を向けたとしたら、転倒してしまいかねないだろう。

同じようなことがダンスや車の運転、スポーツ競技にもいえる。これらのことを学びはじめたころには、個々の動きに意識を向ける（タンゴのステップを練習したり、テニスラケットを正しい握り方でもったりなど）ことでパフォーマンスが向上する。しかし、ある段階に達すると、ダンスや運転やスポーツの動きが私たちの中で自動化されるようになる。この瞬間、これらの行動を司る運動プログラムが、大脳皮質（意識的行動を司る部位）から、皮質の奥深くに島のように存在する組織、皮質下核に移行するのだ。皮質下核では自動化プログラムが作られ、それが動きに熟練するために学習してきた意識的取り組みを置き換える。このプログラムが完成すれば、意識的行動は必要ない。むしろ、間違いを起こさないためには、動きを意識しないことが望ましい。

意識とは、有限の容量をもちながら、急な反応を要求される状況下にあっても信頼できるシステムである。なぜかといえば、効率化のために、認知の中でももっとも興味深い部分の多くや行動反応の多くが、意識的な気づきの外側で起こることが求められているからだ。

たとえば、意思決定をする場面について考えてみよう。目の前の地面にぐにゃっと曲がった細いものが落ちているのを見つけたときに、それが棒なのかヘビなのかを意識的に判断するまでのんびり待っていたとしたら、大きな代償を払うことになりかねない。そこで私たちは、とりあえず直観的に（つまり無意識的に）飛びのいてこの怪しい物体から離れようとするのだ。そして、これに遅れること数秒、今の迅速な反応が不必要であったという意識的評価がなされ、地面の棒を足で蹴とばすことになる。

これほど急な反応が要求されないような場面でも、私たちは私たち自身の脳の働きの大部分を知らないまま過ごしている。ゴルフ上達の鍵は練習を積むことだが、上達を可能にするメカニズムは意識ではアクセスできないところにある。ある時点から、明示的学習（ゴルフクラブを正しいグリップで握ること）よりも暗示的学習（使う筋肉群の動きをより効率よく連係させる）のほうが重要になってくる。

この明示的・暗示的という二分法は言語を学ぶ際に特に顕著となる。言語習得においては二つのプロセスが働く。すなわち、意識的に文法や構文と語彙を合わせて学ぶプロセスと、無意識的に（暗示的に）その言語を「ただ話す」プロセスだ。

小さな子供はこれらのプロセスを自動的に融合させることができるので、同時に複数の言語を難なく学ぶことができる。一方、大人になると新たな言語の習得が困難になってくるのだが、その一因は文法や構文など明示的なルールのほうに意識的に集中する傾向が強まることにある。大人に対して外国語を教える最新の手法では、この傾向を矯正するため、学習者をさまざまな形でその言語を使う環境に「イマージョン（没入）」させる。そのような環境に置けば、学習者は新しい言語に迅速にかつ自動的に反応せざるを得なくなるというわけだ。

いくつくらいから意識をもつのか

「意識は何歳ごろに芽生えるのだろうか？」この問いに答えることは簡単ではない。これは、心の理論、すなわち、自分以外の人間も自分と同じように考えや信念や感情をもっているということに気づけるかどうかにかかっている。現在もっとも有力な説によれば、心の理論はおおよそ4歳ごろに発達してくるらしい。その根拠は、4歳ごろになると誤信念課題というテストに正解できるようになることである。

3〜4歳児向けの典型的な誤信念課題では、被験者となる子どもたちが以下のような劇の一場面を見せられる。まず、クリスという子どもが、チョコレートを箱の中に隠して部屋を出ていく。つぎに、別の子どもスーザンが部屋に入ってきて、箱からチョコレートを取り出し、そばにあるカゴの中に入れて部屋を出ていく。さて、クリスが部屋に戻ってきたら、彼はどこを探すでしょう、というのが問題だ。

クリス自身が隠した箱か、スーザンがその後入れたカゴの中か。この問いに正しく答えるには、クリスの心の中に入り込み、彼にものごとがどのように見えているかを理解しなければならない。クリスはチョコレートが自分の入れた箱にまだ入っていると信じているから、そこを探すはずだ。ほとんどの4歳児は、クリスはスーザンがチョコレートをカゴに移したところを見ていないという事実を踏まえて、クリスは自分がもともと入れた箱の中を探すと正しく答えることができる。

しかし、3歳児だと、クリスはスーザンがチョコレートを移したカゴのほうを探すと答えてしまう。3歳児の言語反応では、自分の知識と他者の知識を区別することができないからだ。3歳児は、チョコレートが今はカゴの中にあると「自分は」知っているのだから、クリスも知っているはずだ、と考える。すなわち、彼らはまだきちんと発達した心の理論をもっていないと考えられる。クリスの視点で状況を考えられるようになるのは4歳になってからなのだ。

誤信念課題に関してさらに研究を重ねたところ、興味深い結果が得られた。ちょうど3歳ごろの子どもは、クリスはどこを探すでしょうかと問われると、目では正しい場所を見るのに、誤った答えを口にするのだ。この結果を受けて心理学者ティモシー・D・ウィルソンは「見ることと言語反応とは、異なる種類の、異なるスピードで発達する知識を反映しているようである」と結論づけた。

つまり、3歳児は問いに対する正しい答えを意識していると同時に、無意識的でもあると考えられる。3歳児に課題を問えば、ある答えを返す。しかし、彼女の目は、それとは違った答えを返す。目は意識を必要としない、自律的、無意識的、暗示的な知識をともなうものだ。一方で言語反応は、意識的な理解が必須であり、発達するのにより時間がかかる。3歳8カ月になると、双方の反応を調和させ、正しい場所を見て、かつ、言葉でも正しい場所を答えることができるようになってくる。

意識に関する同じような不一致は成人してからも続く。多くの研究で、実験に参加する被験者らがきわめて複雑なルールを学び、そのルールに意識的にアクセスしたり説明したりすることなく、それらを使いこなしてパフォーマンスを向上させていることが示されている。

脳のどこから意識が生まれるか

神経学者である私は、脳にダメージを負ったことで意識に異常をきたす多くの事例を見てきた。少し覚醒度が弱まる程度から、昏睡状態まで、その変化は広いスペクトラムとして現れる。麻痺を患う人が、完全に覚醒した状態でありながら自分の麻痺のことを否定し、自分には障害などないと信じて疑わずに生きているという事例にも遭遇した。また、過去の記憶が大部分欠落している記憶喪失患者や、大切な人々が誰だかわからなくなってしまう人もいる。こういった症例の場合、脳と心と意識とが複雑に絡み合っているため、どれか一つに受けたダメージが他の二つの機能にも悪影響をおよぼすことになる。

意識に関わる脳の領域の中で重要な役割をはたしているのは、前頭前野と前帯状回である。これらは、病的な意識状態をもつ極端な例である強迫性障害患者において異常が見られる領域でもある。強迫性障害の患者は、いくら頑張っても、ドアの鍵をかけるのを忘れてしまったかもしれないという強迫観念から逃れることができない。ドストエフスキーは著書『地下室の手記』に、意識が病的なまでに過剰に発達した人間の末路を描いている。

だが、前頭前野も前帯状回も、それ単独で私たちに意識をもたらすことはできない。実際、意識経験の「中心」となる場所などありはしない。脳内の特定の部位にあるのではなく、脳内の下位脳幹から大脳皮質にわたって大きく広がる領域が協調して働くことで生じるのが意識なのだ。

すなわち、意識経験は脳内の多くのモジュールが相互に関係し合うことで生まれるのだ。しかし、このことは、これらモジュールがどのように統合されると意識経験になるのかという問いに答えるものではない。そのヒントは、半球の機能がそれぞれ異なること、つまり右脳・左脳二元論の中に見いだすことができる。

数十年にわたる研究から、意識は右脳よりも左脳に依存しているということが明らかになった。意識には言語がきわめて大きな役割をはたすため、また、言語は主に左脳を介して処理されるため、意識が左脳の活性に多く関連していることは驚くには値しない。

たとえば、私があなたに「今なにを考えているの？」と尋ねたら、あなたは言葉を使って今のあなたの意識状態を説明してくれるだろう。このような言語による応答は、脳の左半球の活性に依存している。作家ジェイムズ・ジョイスやヴァージニア・ウルフらは内なる言葉と意識との緊密な関係を、著書『ユリシーズ』や『ダロウェイ夫人』の中で描写している。意識の流れという手法を用いたこれらの小説では、登場人物や彼らの絶え間なく移ろう考えが、意識と言葉とを分けることなく描かれる。

そして、この意識と言葉とのつながりを分かつことができないということこそが、動物や小さな子どもに意識がないと一般的に解釈される根拠でもある。乳児や動物は自身に語りかけるに足る、複雑な言語を獲得できていない。そのために、気づきはあるが、意識はないというわけだ。

自由意思をコントロールする無意識

習慣は、意識と無意識が混ざり合った興味深いプロセスを示してくれる。喫煙者を例に見てみよう。喫煙者が、他の喫煙者が喫煙するところを見たとき、Action observer network（AON、動作観察ネットワーク）とよばれる、上頭頂小葉や外側前頭前皮質からなる領域が活性化することが、神経イメージングから明らかになった。非喫煙者が喫煙者の喫煙を見ても、この領域の活性化は起こらない。

AONは、観察、計画、行動に関わるものだ。AONがやっていることはいわば「猿まね」である。AONは、脳科学者がミラーニューロンとよぶシステムに含まれている。ミラーニューロンは、他のサルがピーナッツを食べているところを見ていたサルの脳の活動を記録していて発見された。ピーナッツを食べているサルの脳と、それを見ているサルの脳の中で、同じ細胞が活動していたのだ。

喫煙者が喫煙しているところを実際に目撃したときにはAONは必ず活性化されるが、喫煙者が映画の喫煙シーンや喫煙行為を撮影した動画を見たときにどうなるかについては疑問が残っていた。これを明らかにしようとしたある研究では、喫煙者と非喫煙者に、喫煙シーンが複数含まれる映画を鑑賞させた。実験の真の目的がわからないよう、参加者には映画一般を見ているときに脳の中で起こっていることを明らかにする目的で行うのだと伝えておき、喫煙云々に関してはなにも言及しなかった。こうすることで、参加者が喫煙シーンを見てもそのことに特段の注意を払わないようにしたのだ。

結果として、喫煙シーンを見ている間、喫煙者の脳ではAONが活動したが、非喫煙者の脳では活動は起きなかった。映画の中の喫煙シーンを見ただけで、喫煙者が映画館を出るや否やタバコに火をつけたくなるのには、こういう理由があったようだ。

映画の実験は非常に興味深い。というのも、この結果は、一見偶然かつ自由意思であるように見える「映画館を出たあとにタバコを吸う」という行為が、意識のコントロール下にはない神経網の活性化によって引き起こされていたことを意味するからだ（「自由意思は幻か？」を参照）。喫煙者自身は、「私はタバコを吸いたいという意識的な欲求に従ったまでだ」と答えるかもしれないが、その決断は、喫煙するところを実際に見たか、映画の喫煙シーンを見たかによらず、意識がアクセスできないところに存在するものの活性化によってもたらされたものだったのだ。

意識があるということはどういうことか

私たちの意識経験と、さまざまな測定機器で測定可能なデータとを関連づけることができる日はくるのだろうか？　原始的な感覚プロセスに関してなら、いつかそのような相関関係を明らかにできるかもしれない。

たとえば、私はいまパソコンの横に置いてあるおいしそうに熟したバナナのことをはっきりと意識している。私の目にある感覚受容器が、バナナが反射した光を電気信号に変えて脳に送り、そこでバナナの黄色さが神経網の活動パターンに置き換えられる。私が今バナナを意識していることを明らかにできるイメージング装置が登場する日は案外近いのかもしれない。

そして、同様の還元主義的手法はもう少し複雑な事例に対しても当てはまるかもしれない。ただし、この文章を書いている私の意識や、この文章を読んでいるあなたの意識の本質を、神経科学が真に満足のいくように説明できるようになると考えるのは危険な賭けというものだろう。

ヒトの脳はどこが特別なのか？

組み合わせることの力

将来に向けて計画を立てる能力は、ヒトの脳だけに備わった特殊なものであると考えがちだ。しかし、1990年代からの研究で、限られたタイムフレームに限定されるものの、複数の動物に将来を見通す力があることがわかってきた。

ハチドリは花の場所と、最近いつその花を訪れたかを覚えていて、その情報を手がかりに将来の行動を決めている。また、霊長類、ラット、カラス類（カラスやワタリガラス、カケス）、タコは、程度の差こそあれ将来を見通して計画を立てる能力をもっている。

彼らが立てる将来計画と、私たちが立てる将来計画との間には量的な差しかない。動物が見通す将来とは、数秒から1シーズンほどの期間であって（リスは冬の到来を「予測」して木の実を集める）、私たちヒトは一生にまたがる計画を立てることができる。地理学者の段義孚（イーフー・トゥアン）は以下のように述べている。

ヒトとは生まれつき、現実をそのまま受け入れることをよしとしない動物である。ヒトは……そこにないものを「見る」という並外れたことをやってのける。そこにないものを見る力こそが、ヒトのすべての文化を形作る礎である。

発達した前頭葉

心の中で未来に身を置いてみるとき、私たちは脳の前頭前野と前頭葉を使っている。脳の最前部に位置する、他の生物と比べて著しく発達しているこの領域が、ヒトの脳を特別なものにしている。この領域が主に担うのは、つぎの４種類の制御である。

――実行制御（Executive control）

これこそ、私たちと他の霊長類とを決定的に分かつ機能である。私たちは、自分たちの行動の長期的な結果を予測できる（「所得税をごまかすと、いつか監査に選ばれたときにバレてしまうかもしれない」など）。私たちは、周囲の反応を観察、予想できる（「妻は私が義母のことを批判すると機嫌が悪くなるから、止めておいたほうがよさそうだ」）。

それどころか、自分たちの今の行動が次世代やその後の世代にどのように影響するかまで見通すことができる。

すべてのヒトの前頭前野や前頭葉が同じように発達しているわけではないため、すべてのヒトが同じように未来を見越して賢い意思決定をできるわけではない。多くの人は今ここだけを見て生きていて、その意思決定は衝動的であり、長期的な利益よりは目先の利益を重視した選択をする。

刑務所や裁判所には、そういった、自身が犯罪を行った結果を見通すことができなかったヒトであふれている。ゆえに、ヒトの脳の特殊性について論じるときには、ヒトの脳をヒトの脳たらしめる特殊性が、私たち全員で同じように発達しているとは考えないことが重要だ。

展望記憶(未来記憶、Future memory)

奇抜なネーミングだが、その概念は比較的単純なものである。ルイス・キャロルは、その要点をこう表現している。「逆方向にしか働かない、貧弱な記憶」。つまり、展望記憶とは、将来の目標を今の心の中に留めておける能力のことだ。

たとえば、法科大学院に通う学生が、将来自分が裁判官になったところを思い描いて、辛く厳しい学業を乗り切るといったようなことである。自分が黒い法服をまとったところを想像すれば、どれほど困難なことが起ころうとも乗り越えられるというわけだ。

ある目的に向けて一意専心する力や、障害を乗り越える決意は、前頭葉駆動の神経学的プロセスによってもたらされる。遠い将来に向けて集中し続けられる私たちの能力、あるいは、遠い将来を想像できることそのものが、ヒトの脳に固有のものであり、この力によって私たちは自身や他者の将来や運命について深く思いをはせることができる(「共感や利他主義はどう生まれたか?」を参照)。

――動因(drive)

覚醒した状態を保ち、周囲で起こるできごとや人々に注目し続けるためには、注意を払い、集中し続けなければならない。この能力に関しては、短時間であればほとんどの動物のほうが私たちよりも優れている。しかし、長期にわたって持続できるのはヒトの脳だけである。集中と動因も実行制御と同じく、すべてのヒトに同じように備わっているわけではない。小さな子どもや注意欠陥障害の成人は気が散りやすく、集中し注意を向け続けることに困難を覚える。

優れたワーキングメモリ

ヒトの脳を特別なものにする機能を一つあげよと言われたら、私はワーキングメモリを選ぶ。これは、他の精神活動をしながら別のことを「心に留める」能力のことである。

ワーキングメモリは精神のジャグリングに喩えられることもある。熟練したジャグラーはいくつものボールを同時に空中にあげることができる。おまけに、ワーキングメモリも、ジャグリングと同じように、練習すれば上達する。ワーキングメモリの達人は複数のタスクを心のレーダースクリーンに映しておき、一つのタスクからつぎのタスクへと自在に切り替えることができる。ワーキングメモリは知性強化にもっとも重要な能力なのだから、訓練するに越したことはない（「脳を鍛えるにはどうすればよいか？」を参照）。

系列化（sequencing）

ヒトの脳は、系列化された情報をあつかい、正しい順序で維持し、その後の処理のために整理しておくことを特に得意としている。友人に映画や小説のあらすじを伝えるときなど、系列化できていなければ話がめちゃくちゃになってしまうだろう。

前頭葉だけが担うわけではないが、もう一つヒトの脳に特異的な機能としてメタ認知、すなわち、自分の思考そのものに気づき、理解する能力があげられる。

たとえば、ある種の人々に対し自分が偏見を抱いていることに気づくことや、同僚とのとげとげしい会話の途中だんだん腹が立ってきている自分に気づくこと、やりたかったプロジェクトを同僚のほうが自分よりもうまくやれることを渋々認めて彼に譲ることなどがそうだ。

より高いレベルのメタ認知において、ヒトとヒト以外の動物との間により厳然とした差が現れる。「生か死か、それが問題だ（To be or not to be, that is the question）」というつぶやきの真意を推し量ることができるのは、人間の脳だけなのだ。

動物とヒトとをさまざまな面で比較したとき、必ず突き当たる重要な問いがある。ヒトと動物の脳の性能に見られる量的な差が、質的な差とよべるほどに広がったのはいつの時点なのだろうか？

これまでのところ、万人が納得する答えは得られていない。

脳が違えば世界も違う

すべての動物の脳は、それぞれに特殊なものである。そうであるからこそ、個々の脳はそれぞれ唯一の世界を経験する。

たとえば、あなたの愛犬の脳は匂いに敏感であるという特殊性をもつ。散歩に連れ出せば、行く手にあるすべての電柱の匂いを嗅ごうとして、飼い主であるあなたは時折うんざりすることだろう。

愛犬の行動になぜイライラするかといえば、多くの人間にとって、電柱はどれも同じような存在だからだ。これは、私たちが情報のほとんどを視覚から得ていて、嗅覚から得ている情報がごくわずかであることに起因する。ところが犬にとっては、あらゆる物、さらにいうと、同一の物の違う部分すらも、異なる嗅覚情報を与えてくれる豊かな存在なのである。

嗅覚皮質はヒトの全脳のわずか1%を占めるにすぎないが、犬では12・5%にもなる。また、ヒトの脳に600万個しかない嗅覚受容体は、犬の脳には3億個もある。

受容体の数の違い、そして、匂いに対応する皮質の割合の違いによって、犬が経験する世界は、私たちが経験する世界と根本的に、そしてときには不可解なほどに違ったものとなる。

犬の鋭い嗅覚はまた、鼻孔の特有の配置にも恩恵を受けている。私たちの二つの鼻孔はきわめて近い距離に配置されているが、犬の鼻孔はたがいに異なる空間の気体を吸い込むことができるほどに離れており、それゆえごくわずかな匂いも検知することができる。

彼らの嗅覚の精度や感度の前には、私たちの貧弱な嗅覚はひれ伏すほかない。私たちは空間の中にあるもっとも優勢な匂いしか検出できないが、犬はより幅広い、重なり合ったすべての匂いを異なる情報源として嗅ぎ分けることができる。あ、他の犬の匂い。前にこの匂いがここでしたのはいつだったかな。この犬は何歳だろう？　オスかな、メスかな？

犬の脳は視覚よりも嗅覚を重視した特殊な配置をとっているため、私たちが犬の世界を経験することは不可能である。

他の動物の脳はまた違った感覚に特化した構造をとっており、それぞれ異なった現実を経験することになる。ニシキヘビやウワバミ、マムシなどは熱感受性の神経末をもち、赤外線を検知してその情報（獲物の体温）を爬虫類の脳にある視蓋とよばれる領域に送り、獲物を付け狙う。

コウモリ類には反響定位（エコーロケーション）を行うものがあり、超音波を発し、獲物にぶつかって返ってくるまでの時間を計測するとともに、獲物に当たったことで生じる波長の変化も読み取る。ある研究では、コウモリが誤差4～13ミリメートルという正確さで自分と獲物との距離を測れるということが示されている。

ヒトの脳で犬やヘビの世界を経験することは不可能だが、コウモリの世界、というより彼らが世界を知るために使う手法は、盲目の人々が白杖を使って音を出し、それを解釈するという手法に近い。

生後13カ月で網膜芽細胞腫という癌のために両眼摘出手術を受け、盲目になったダニエル・キッシュは、舌を打ち鳴らしその音の反響を聞くことで、世の中を知ることができる。この手法を用いて彼は彼自身や他の盲目の人々に登山やマウンテンバイクに乗ることを教えた。

ただし、キッシュやその教え子たちは例外だ。私たちほとんどの人間にとって、世界のことをより多く教えてくれる感覚は聴覚ではなく視覚である。

言語の機微を読み取る能力

霊長類を用いた研究（詳しくは後述）に基づいた反論が定期的に噴出するものの、ヒトの脳が言語を使うことに特に適応していて、高度に抽象的なことを言語で表現するという特殊能力をもっていることは間違いない。たとえば、ハムレットの「生か死か」という独白を作り出すことができるのもヒトだけだし、そこに実存するメッセージを理解することができるのもヒトだけだ。

言語に関してヒトが抜きん出ていることは疑う余地もないと思われていたが、１９６０年代に、ＡＳＬ（American Sign Language、アメリカ手話）や、一つひとつが単語に対応するさまざまな形状のプラスチックの色板を用いてコミュニケーションをとることを教えられたチンパンジーの研究が発端となり、これを疑問視する声があがったことがある。

実験で使われたチンパンジーはプラスチックの色板を金属のボード上に並べることで、簡単な文章を作る。この方法を使って、チンパンジーはすぐに単純なやりとりを学ぶことができた（「サラはメアリーにリンゴをあげた」など）。このような能力は、チンパンジーや、ひょっとすると他の霊長類でも言語が出現することを約束するのだろうか？　20世紀の最後の四半世紀にはそうではないかという主張が多く見られたが、それらは誤りであったことがのちに判明した。なぜなら、研究者たちがデイヴィッド・プレマック（さまざまな色や形のプラスチックを使ったアプローチの考案者だ）があげた三つの心のカテゴリーをきちんと評価できていなかったからだ。

プレマックは、自身の、そして他の研究者が実施した動物の「言語」に関する研究を見直し、心を大きく三つのカテゴリーに分けた。単純な形象、抽象的表現、構文だ。多くの動物が単純な形象を理解するが、ごく少数の霊長類（ワショーやサラに代表される）、複数の鳥類（私のペットであるヨウムのトビーもそうだ）、そして人だけが抽象的な表現をできるとされる。

しかし、霊長類は、言語に基づいた行動であれば当然そうするはずであるが、彼ら自身が手に入れた抽象的表現のスキルを他のサルに教えることはない。そして、抽象的表現ができるようになったことで彼らはより難しい課題にも取り組めるようになったものの、三番目の、そしてもっとも重要な段階である構文を使いこなす、あるいはルールに基づいて単語を組み合わせて句や節や文を作るというステージには到達できない。

どうやら構文というものは、ヒトの脳でしかあつかえないようである。もちろん、だからといってヒトの脳が構文の誤りを犯さないというわけではないが（「私道で何年もさび付いていたが、隣人はついに彼所有の古い車をどかした」)、ヒトの脳だけが、このように誤った場所に置かれた修飾語句に気づくことができる(さび付いていたのは隣人ではなく、車)。

言語とユーモアを融合させることも、高レベルの抽象化を要する、ヒトの脳にのみ備わる能力の一つだ。「売れたい小説家が、〝小説を書くために必要なただ一つのもの〟というタイトルの本を買うために20ドル振り込んだ。後日送られてきたのは、『お客様ご自身での組み立てが必要となります』というメモがはさまった辞書だった」。これをヒト以外の生き物に聞かせて笑いをとることを考えてみてほしい。

ヒトの言語と動物の言語には重要な違いがもう一つある。私たちはデフォルト推論を活用するという点だ。たとえば、私があなたにこう言ったとしよう。「ジムはスポーツが好きで、テレビのスポーツ番組はなんでも見ます。今夜はワールドシリーズの第七戦目、王者が決まるゲームが放映されるんですよ」。これを聞いたあなたはどう結論づけるだろうか? きっと、ジムがその晩、ワールドシリーズが放映されている時間帯はテレビにくぎづけだと考えるだろう。純粋に論理的な視点から、この推論は正しいと思われる。ひょっとすると、大型類人猿やチンパンジーも、この課題をプラスチックの色板で表現できれば、ある程度似たような推論を働かせることができるかもしれない。

しかし、私が「ジムの家のテレビは壊れているそうです」や、「ジムは帰りがけに、上司から明朝の販売会議で重要なレポートを発表するように言われていましたよ」などという情報を付け加えたらどうだろうか。ジムに関する追加情報を得たあなたは、「ジムは、試合が始まる前にレポートを仕上げることができて、どこかテレビを見られる場所を見つけることができたら、試合を見るだろう」というような、先ほどとは少し異なる結論にいたるのではないだろうか。このような応答の仕方は、初期の情報に基づいてある結論を導き出し、情報が追加されるとそれに応じて結論を変えていくというデフォルト推論のやり方だ。

先ほど、「ジムがスポーツ好きで、テレビでやっているあらゆるスポーツ番組を見る」ということを知ったあなたは、ジムがいかなるときも、なにが起ころうとも絶対にスポーツイベントを見るとは結論づけなかった。ジムがよっぽど変わった人間でない限り、たとえば4歳になる彼の息子が階段から落ちて膝を切って大泣きしていてもテレビでスポーツを見続けるわけではない、とあなたが確信できるのはデフォルト推論のおかげだ。ヒトの脳だけがデフォルト推論を利用して、もっとも論理的に組み立てられた三段論法におけるわずかな差異を直感的に見抜くことができる。

ヒトの脳が文脈の中で言葉を文節に分けて考える例として、以下のフレーズをあげよう。「僕が言っていることは、僕が言ってるわけじゃない（I'm not saying, I'm just saying.）」

これは、文字どおりに受け取れば、意味不明だ。この文の前半部分は、後半部分と正反対のことを言っている。つまり、話者はまさに彼自身がやらない、と言っていることをやっているように見える。ただし、ほとんどのニューヨーカー（実は私はこのフレーズをニューヨークでしか聞いたことがない）はこのフレーズを正しく理解し、「今話していることを、僕は本当だと思っているわけじゃないんだ、ただ、僕以外の誰もが、それが本当だと思ってるんだ」という表現の短縮形だと受け取る。

このような例を見ていくと、やはりヒトの言語の中に見られるある種の機微は、動物のコミュニケーション能力がはるかおよばない部分であり続けると結論づけられるのではないだろうか。当面、動物が独自の独立宣言を起草する心配はなさそうだ。

メンタルタイムトラベル

メンタルタイムトラベルと心の理論は、ヒトの思考にのみ見られる特性である。メンタルタイムトラベルとは、現在の意識をもちながら、過去の経験や想像した未来について同時に考えることである。

「新郎は結婚式の間、惨めな結果に終わった前回の結婚をふと思い出し、二度目となるこれからの結婚生活で幸せな暮らしを送る自分を想像した」

この例では、新郎は短い時間ではあるが現在（今の結婚式）から後悔に満ちた過去の結婚へとタイムトラベルし、同時にこれからの幸せな結婚生活を生きる自分も心に描いている。この種のタイムトラベルは、他者の心の状態を推測し、自分の心で追体験することにも関わる。霊長類にもこの能力はある程度見られるが（サルは他のサルをあざむくことが知られている）、ヒトだけがマイケル・コーバリスの言う「高次の欺き」をすることができる。私たちの心だけが、「私は、メアリーが、彼女が私の考えていることを知っていることを私が知っていることを知っていることを知っている」というような離れ業をやってのける。

ヘンリー・ジェイムズはこのような言葉のトリックを自在に使いこなす小説家で、もしかすると、現在・過去・未来が複雑に入り混じる難解な小説「The Master（コルム・トビーンによる、ヘンリー・ジェイムズの伝記小説）」に私たち以外の霊長類が熱中する日がまだこないのはそのせいかもしれない。なにせ霊長類は、自分が考える生き物かどうかなどと熟考することもないのだ。

結局、ヒトの脳を特別なものにしているのは、私たちにはあってほかの動物にはない、あるいはほかの動物では劣っているといった、なにか一つの特性などではない。ヒトの脳を特別なものたらしめるのはむしろ、自分たちが自分たちのために作り出した記号や符号の世界に適応し渡り歩くことを可能にした、いくつかの能力の組み合わせといえよう。

コミュニケーションに言葉は不可欠？

ボディランゲージの秘密

コミュニケーションの手段として言葉が使われるようになったのは進化の過程でも後期になってからだ。ヒトが話している環境で育てられたオウムなど「喋る鳥」を除き、ヒト以外の生物種では言葉はまったく進化してこなかった。1930年代から1940年代に類人猿に英語を話させようとした試みは、すべて、見事なまでに失敗した。

類人猿や霊長類がヒトの言葉を使うことを学習できないのは、ヒトの言語を真似するために必要な声帯が解剖学的に存在しないからだ。オウム類も声帯をもたないが、別の発声器官を使ってヒトのような声で話すことができる。ただし、一つだけ気をつけないといけないのは、ヒトの言葉を操る生物が、私たちとまったく同じとみなせるようなやり方でコミュニケーションをとっているとは限らないことだ。

「音声」によるコミュニケーション

そもそも意味は必ずしも言葉という形でのみ伝達されるわけではない。音声によるコミュニケーションは、言葉や視覚記号をともなわずとも成り立つ。ベルベットモンキーの鳴き声は、近くにいるほかのサルに特定の敵の存在を知らせる役目をはたす。ヒョウを見つけたときには特定の鳴き声をあげ、それを聞いたほかのサルは慌てて木に登る。ワシを見つけたときにはまた異なる鳴き声を発し、それを聞いたほかのサルは空を見あげる。

アカゲザルが使う食べ物に関する発声は、文脈上の意味で言葉に似ている。声の違いがサルの感情の状態に依存していることに加えて、そのサルが発見した食べ物の状態にも関連しているからだ。ニホンザルが使う「クー・コール」というコンタクトコールは、ヒトの耳にはすべて同じように聞こえるが、音声スペクトログラフによる分析では一つひとつが異なっている。

つまり、コミュニケーションを言葉によるものに限定してしまうと、音声のみによるコミュニケーションシステムの豊かさを過小評価してしまいかねない。発話における言葉と同様、音声によるコミュニケーションを担当するのは社会的コミュニケーションを受けもつ脳の回路である。ただし、私たちヒトの言語とこれらサルの「言語」とを比べたとき、明らかな違いが一つある。ヒトは、環境から一歩引いて、環境と私たち自身との相互作用を言葉に反映させることができるのだ。

ただし、音声によるコミュニケーションは霊長類に限られた能力ではない。ウタスズメ、カナリア、フィンチなどのさえずりはすべて情報を伝達している。これら鳥類の脳は、異性の気を惹くため、そしてテリトリーを主張するために同種が発する音を学習できるようになっている。

おそらく、動物の発声についてもっとも正確に説明するならば、あらゆる動物において、ヒトの言葉を使わずに（オウムは別だ）コミュニケーションをとるツール、ということになるだろう。その獲得プロセスは、ヒトの乳児の発達がまず言葉という形をとらない発声から始まり、その後周囲で話される言語を学習していく様子に似たものといえよう。

乳児の言語は言葉ではない

泣いている赤ちゃんに接したことがある人は皆、赤ちゃんが言葉を発するために必要な、のど（咽頭および喉頭）の筋肉の精密な制御を身につけるのはまだ先のことであるにもかかわらず、コミュニケーションしたいという強い意思をもっていることを実感するだろう。

言葉を使うことができずとも、赤ちゃんはジェスチャーによってだいたいの欲求をはたすことができる。生後10カ月ごろの赤ちゃんは遊びたいおもちゃを指し示して、大人にそれを取ってもらうことができる。このようなコミュニケーション能力の高いジェスチャーは、それに対応する言葉を習得する数週間〜数カ月も前から見られるようになる。赤ちゃんは生後12カ月ごろまでに最初のジェスチャーを学ぶが、最初の言葉を発することができるのはそのおよそ1カ月後である。

ジェスチャーは、単に言葉をざっくりと置き換えるだけではなく、言語の発達を促進する役割ももつ。子どもは1〜2歳のうちに習得したジェスチャーが多いほど、2〜3歳の時点での語彙が多くなる。これは、ジェスチャーが大人の注意を引き、大人からの声がけの機会が増え、それを子どもが聞いて学ぶからだ。

ジェスチャーは言葉に先立つものであるし、大人が言葉を足して反応してくれることから、新しい言葉を学ぶきっかけにもなる。子どもが腕を広げて空を飛ぶ鳥のようにパタパタと動かしたら、きっと親は「鳥さんだ！」といったようなことを言うだろう。するとやがて、その子の腕のパタパタは鳥類学に関するなんらかの言語表出に置き換えられる。ジェスチャーをしなければ、子どもの鳥に関する言語表出は若干遅れることだろう。ただし――そして、これこそ重要な点なのだが――子どものジェスチャーやそれが引き起こす周囲の反応を見ると、ヒトの脳は、発生初期から言葉なしにコミュニケーションすることが得意なようなのである。

ジェスチャーによるコミュニケーション

思慮深い母親が乳児と静かに触れ合っている様子や、ペットがおやつを見つけたときの反応を見れば、脳が言葉なしにコミュニケーションをとれることを確信できるだろう。次回車を運転するとき、言葉ではなく、主に手による合図で他のドライバーとコミュニケーションしていることに気づいてほしい。このコミュニケーション法は、たとえば誰が優先かとか、どちらのドライバーが譲るかなどを示すときにきわめて効果的である。
そのほか、感情に基づくコミュニケーションもある。侮辱やわいせつな意味をもつジェスチャーはすべての文化に存在する。日々、もっとも根源的な部分で私たちは、言葉なしにコミュニケーションしているのだ。

より抽象的なレベルでは、言葉以外のコミュニケーションは多くのアートの基礎となっている。意味や感情は、詩、動き、形、テクスチャー、メロディといった形で表される。マルセル・マルソーのようなパントマイム・アーティストを見れば、ジェスチャーの力のすごさがよくわかる。アスリートも巧みな動きによって、言葉以外のコミュニケーションをとる。プロテニスのようなスポーツでは、プレイヤー同士が言葉を交わすことは、いじめや、実力の劣る選手が強い選手を負かすために戦略的に気を散らそうとするのを防ぐために、推奨されない。それでも、テニスではしばしば、言葉なしの、非言語的な作戦が実行される。サーブ前にボールを数回余計にバウンドさせたり、相手がサーブを打とうとした瞬間にタオルを要求したり、線審の判定に不服そうにため息をついたり、怒りのジェスチャーをしたり。これらはすべて、対戦相手をわざと待たせて焦らすためにやっているものだ。

言語以外のコミュニケーションはごく自然に体が行うものであり、多くの状況下で見られる。しかし、他人の心の状態を彼らの「ボディランゲージ」から読み取るためには、詳細な観察が必要となる。

ボディランゲージ

「ボディランゲージ」を理解するためには、体のさまざまな部分の筋肉の動きに加えて、顔の筋肉が見せるわずかな表情の変化を見逃さないようにしなければならない。誰かの言っていることに賛同するとき、人は無意識のうちに頷いてその意を表明している。賛成しかねるというときには眉をひそめることが多い。私たちは無意識のうちに多くのボディシグナルを発しており、他者はそれに簡単に気づくことができる。

たとえば、今朝私は、友人と一緒に、ある人がわりあい退屈な財務報告書を読みあげるのを聞いていた。数十分後にもう一件打ち合わせの予定が入っていた私は少々イライラしはじめていて、時計を見たと誰にも悟られずに時間を確認したいと思っていた。そこで私はまず左手を太ももの上に移動させ、たっぷり数分経ってから、こっそりうつむいて時計を確認した。するとまるでそれが合図だったかのように、読みあげていた人も自分の時計を見て、「もうすぐ終わります」と宣言したのだ。偶然？　そうかもしれない。けれど、彼が私のイライラしているというボディサインを読み取っていたために、私が悟られまいと画策しながら時計をこっそり見たのを見逃さなかった、というほうがあり得るだろう。

また、私が例外的に演技が下手、というわけでもないと思う。多くの人にとって、熟練した観察者に自分の意図や思いがにじみ出る身体表現を見破られないようにすることは困難だ。MITメディアラボの研究者アレックス・ペントランドは、このごまかすことが難しい反応を「正直シグナル」と命名した。正直シグナルには、他者のジェスチャーを真似したり、声のトーンや高さを無意識のうちに真似たりといったことが含まれる。このような合意のシグナル（そして、不賛成を示すサインがないこと）は脳の右半球で受け取られる。この「読む力」が、他人に関する勘や「虫の知らせ」を作り出し、彼らに対して私たちがとる反応を決めるときに大きな役割をはたす。

音を消してコメディーを見ると

好きなコメディアンをテレビで見たとき、音を消してみてほしい。彼らが話すジョークは聞こえなくなるが、そのユーモアはボディランゲージという形でもたっぷりと表現されていることがわかるだろう。多くのコメディアンは手の動きで機微を伝えようとする。彼らを後ろ手に縛ったら、だいたいのネタは大失敗に終わるのではなかろうか。

同じくコミュニケーションツールとして使われる手ぶりには、手のひらを立てて相手に向けて突き出すものがあり、異議を主張するときなどに見られる。これをされた相手は、英語の慣用句のとおり「手に向かって話す（Talk to the hand は、話をやめてという意味の慣用句）」しかなくなる。言語学者はこのような身体と意思のつながりを指して、言語の身体化という。表情やジェスチャーが言語コミュニケーションに寄与するという意味だ。

なにもしていないときでも、私たちの手はいろいろなことを相手に伝えている。特によく見られるのはつぎの二つの姿勢だ。把持姿勢（grasping posture）とよばれる姿勢では、手は体の他の部分から離れ、指はなにかをつかもうとするようにわずかに曲げられている。静止姿勢（stationary posture）は、指と手のひらが膝など体表のどこかに置かれた状態だ。

私たちは、なにかを持ちあげたりつかんだりしようとするとき、一つ目の姿勢をとる。静止姿勢をとるのは、アクションが完了したときだ。似たような手の使い方は、言語コミュニケーションのときにも認められる。話者は強調したいときに把持姿勢をとる。把持姿勢は「もう少し時間をかけて重要な点について話し終えさせてほしい」という合図だ。話が終わり、主張したかったことを言い終えれば、彼らの手はゆっくりと開いて静止姿勢に移行する。つまり、手の形は注意深い観察者には多くのことを教えてくれるものであり、もう話しはじめてよい時間なのか、口を開くのはまだ待ったほうがいいのかなどを他者に教える小さな合図なのだ。

微小表情から感情を読み取る

テクノロジーはいまや、他人が私たちのスピーチに対しどう反応しているのか、ときに不安になるような現実を時々刻々と教えてくれるまでになっている。マサチューセッツ工科大学のロザリンド・ピカードは、相手の、考えている、賛成している、集中している、興味をもっている、困惑している、反対しているという6つの感情の状態を教えるメガネを開発した。

このメガネには米粒大の小さなカメラがついており、そこから細いワイヤがのび、タバコくらいの大きさの隠しもっておけるコンピューターにつながっている。話者がこのメガネを装着すると、カメラが相手の顔の24カ所をモニタリングする。24カ所には、頭のジェスチャー、表情、唇の動き、眉間のしわなどといった顔の「特徴点」が含まれている。すぐに消えてしまう微小表情をキャプチャし、俳優による演技をもとに作ったデータベースと比較するというわけだ。

ピカードのメガネをかければ、あなたはあなたの話を聞いて私がどういう反応をしているかをモニタリングすることができる。私が興味をもっているふりをしていたとしても、メガネは私の嘘を見破り、私の本当の感情を見抜く。このメガネにはイヤホンもついており、私があなたの話をつまらないと思っているか、困惑しているかといった情報を要約し音声で教えてくれる。さらに、メガネに付属しているあなただけが見ることができるライトが光る。ライトが緑に光っていれば、私はあなたの話している内容を好意的に聞いている。オレンジに光ったときは、中立的な反応を示している。しかし、赤く光ったならば、話すのをやめるか、話題を変えたほうがいい。

機械の力で他者の感情を読み取ることは、有益にも害にもなりうる。話し相手の表情をきちんと解釈できる人は54％弱といわれているため、他人の反応のモニタリングを支援するツールはかなり多くの人に役立つことだろう。たとえば、退屈な人や自慢ばかりする人たちのもっともよくない点は、彼らの自己中心的な会話が他者に疎外感を与えていることにほとんど気づいていないことだ。ピカードの技術は、いつ話題を変えればよいかや、いつ話をやめるべきかについて客観的に計測し教えてくれる。

一方、ピカードの技術などに見られる欠点としては、価値のある社会的な潤滑油を私たちから奪ってしまうことがあげられる。私たちは調和を乱さないために本音を隠すものだ。また、この技術は私たちの会話を感情のない無味乾燥なものにしてしまう可能性もある。考えてほしい。とても複雑なトピックについて論じるときに相手が困惑することは、正常な反応であるはずだ。そのようなときに相手の困惑を認識すると、話者は主張を過度に単純化したり、もっとわかりやすいトピックに移ろうとしてしまうかもしれない。

もっと問題なのは、人によってはこのような技術を導入すると、友人や仲間だと思っていた人の顔に反対する表情を見つけ、落ち込んだり不安を感じたりしてしまうかもしれないということだ。そのような状況では、言葉なしにコミュニケーションができる脳の力は、資産ではなく負債になりうる。

表情から感情を読み取るシステムは、現時点で一般市民に広く知れ渡っているものではないが、消費者が広告にどういう反応を示すかに興味がある一部の企業ですでに活用されている。この技術がよりシンプルで安く、かつ目立たないものになれば、他人の「本当の」反応をモニタリングする一般的なやり方になっていくだろう。

体のクセを読み取る

言葉ではなくボディランゲージから意図を読み取ることは、ポーカーなどにおいて高度な技巧の域に達している。熟練したポーカープレイヤーは「テル」とよばれる、そわそわした動きや独特の癖、しぐさなどを読み取り、相手のハンドの強さを読む。ワールドシリーズオブポーカーにも出場したベテラン、ジェイムズ・マクマナスは小説『COWBOYS FULL』で以下のように記述している。

トッドはアンディのボディランゲージに狙いを定めた。ブラフしたとき、チップは奴の指からどういう風に離れた? モンスターハンドでベットしたとき、奴は鼻や口にしわを寄せていなかったか? ……アンディがベットしたりためらったりしたときの様子に焦点を当てて観察し、それを彼のホールカードを見たあとのハンドの強さと関連づけることで、第一テーブルの最強プレイヤーはアンディのもっとも小さい癖までも有益な情報に変え、それぞれのポットでどう振る舞うのが最善かを判断するのに役立てた。

ポーカープレイヤーがハンドの強さを無意識的な「テル」で伝えてしまうように、嘘つきも鋭い人には見破られるシグナルを与えてしまうことがある。多くの人が、子供のころから、嘘をつくときはもっともらしい顔をすべきだということくらい学んでいるだろう。しかし、誠実で正直なコミュニケーターを演じようとしても、声でばれてしまうことがある。声の抑揚、ためらい、ポーズ、音程の変化、その他あらゆるプロソディ（韻律）が意図せずもたらす情報に気づく人は（俳優を除き）そうそういない。嘘をついているかもしれないと疑っている相手とは実際会って話すよりも電話で話したほうがよい結果に終わるかもしれないのは、そういうわけだ。

ただし、このようなシグナルは嘘つきだけが出しているわけではない。私たちだって始終、そういうものを振りまいているのだ。社会の調和を守るための小さな嘘すら一切ついたことがない人など、この世にいるだろうか？　私たちは、ディナーパーティーにいこうとする妻の服装を見て、他の服のほうが似合うのにと心の中では思っても「その恰好、すごく素敵だよ」と言える生き物だ。そして多くのケースで、妻が実は私たちのそんな嘘に気づいていながら、知らん顔を決め込んでいるということにも気づかない、おめでたい存在なのだ。

そのとき脳は

ヒトの脳は、言語処理を担う左半球と、プロソディとして知られる発話の中に見られる抑揚、リズム、強調といった要素の表出やそれに対する反応を担う右半球に分けられる。右半球がプロソディを認識してくれるおかげで、言葉がなくともコミュニケーションはうまくいく。

苦悶に満ちた叫び声や怒号が聞こえたときに反応するのはあなたの脳の右半球で、その結果として心拍数が上昇し不安感も増大する。その悲鳴と一緒に何語が聞こえてこようが、私たちはただちに、誰かが危ない目に遭っているということを理解する。言葉も言語もそこには必要ない。コミュニケーションはそんなものがなくても、ちゃんとうまくいくものだ。

皮肉やユーモアもまたプロソディの一種で、話された語（左半球が処理する）と声のトーン（右半球が処理する）との間に乖離があるときに生まれる。「あいつは本物の天才だ！」は誰かの知性を称賛するときにも、誰かをバカにするときにも使える。すべては話すトーンで決まるのだ。

言葉と声の不一致は精神的苦痛をもたらすこともある。心理療法士らによれば、恒久的な精神疾患の原因にもなりうるのだという。母親から「お母さんは、あなたのためを思って、あなたを愛しているからこそこうしているのよ」と、毒のある脅すような声で繰り返し言われていた子供が将来統合失調症になるように。

一般的に、右半球に損傷や病気をもつ人には、プロソディの乱れが見られる。彼らは他人の感情表現を知覚することはできるのだが、同じような感情を表すことができない。彼らは正しい言葉を発することはできるのだが、そこに普通なら付随するはずの感情の抑揚がなくなってしまうのだ。そのため、彼らの反応は他者にロボットのような印象を与える(「彼は私のことを愛してるって言うけど、本気でそう思っているように聞こえないの」)。

また、右半球の他の部位に損傷がある患者は真逆のパターンを示すことがある。つまり、他人の発話の中の感情的な部分を知覚できなくなるのだ。彼らはメタファーであるはずの表現も文字どおり受け取ってしまう。そういう同僚に「今度上司にあんな風に言われたら、僕は死んでしまうよ」などと愚痴を言ったら、しかるべき機関に通報しなければと本気で心配されることになる。

いずれにせよ、感情表現を受容する、あるいは表出することに困難を覚えるこのような人たちは、ある共通の間違いを犯している。皆、私たちのコミュニケーションの大部分がそもそも言葉にまったく依存していないという事実を過小評価しているのだ。

つまり、言葉にしない感情が表出するボディランゲージやプロソディしかり、無礼なジェスチャーしかり、バレエしかり、私たちの脳は言葉なしに十分コミュニケーションできるし、場合によってはあえてそうしていることもあるというわけだ。

脳の中の「私」の正体とは？

自己同一性問題の真髄

鏡の前に立った私は、向こう側に映る私自身を認識する。誰かがいたずらで鏡の中の顔を私以外の人物の顔と置き換えたら、私はもはやそれを自分自身だとは思えない。これは、脳内で私たちが作り出す自己意識によるものだ。

同様の自己認識は、自分の体のもっと単純な部位を見た場合にも起こる。自分の手を見たとき、私は触覚、視覚、固有感覚など複数の要素が緊密に結びついて作られる印象を経験する。こうして複数のチャネルの感覚が統合された結果、私は自己意識へとつながる、自分の身体を所有している感覚を経験する。だが、これ自体、どのようにして生じるのだろうか？

数十年前に霊長類を用いた研究で、脳の前側にある腹側運動前野（ＰＭｖ）とよばれる部位に受容野があることが発見された。ＰＭｖは感覚を統合し、サルが自分の腕の位置を把握するときに機能する部位である。とはいえ、サルにアンケートをとることができない以上、感覚の統合が、サルの体の部分の主観的な自己所有感をともなうものなのか、私たちには知るよしもない。

ラバーハンドイリュージョン

同時期に行われたヒトを対象とした研究では、感覚の統合が自己認識と自己所有感にどうつながっているかが明確に示された。

今あなたは、ゴム製の手が置かれた机の前に座っている。あなた自身の手は机の下、膝の上に置かれていてあなたからは見えない。この時点では、あなたはこのゴム製の手が自分の手ではないことを当然、理解している。ここで私が、ゴムの手と机の下にあるあなた自身の手を同時に細い筆で撫でる。するとたちまち、あなたはゴムの手が自分の手であるように感じはじめる。まさに、ゴムの手が自分の体の一部だという強い感覚を得るのである。

そんな馬鹿な、と思うかもしれないが、このラバーハンドイリュージョン（ＲＨＩ）は、すでに幾度となく確認されている現象だ。しかも、ラバーハンドイリュージョンはＰＭｖの活性化をともなう。つまり、ＰＭｖの活性化と、それにともなう頭頂葉の寄与の減少がゴムの手を自分の体の一部として認識すること（「私が見ているこれは、私の手だ。この私の手を見ているのは、『私』だ」）と直接関連しているのだ。

それだけでなく、この「私」の心理的な知覚は神経学的状態にも反映される。すなわち、ただ手を見るだけのときよりも、柔らかく撫でられていることを感じながら手を見るときのほうが、ＰＭｖがより活発に活動する。より多くの身体感覚が動員されることで、手の「自己所有」感がより強まるということだ。

ラバーハンドイリュージョンは、脳の中にある「私」の感覚の変化を示す一例である。ストックホルムにあるカロリンスカ研究所の神経科学者、ヘンリック・エアソンはラバーハンドイリュージョンの進化系として、脳の中の「私」が完全に消え去る、幽体離脱体験を作り出す手法を開発した。

実験に参加する被験者は、椅子に座りゴーグルをかけさせられる。そのゴーグルには、椅子に腰かけている被験者の後ろから被験者の方向を撮影しているカメラからの映像が映し出されている。この状態で、エアソンはプラスチックの棒で被験者の胸を軽くつつくと同時に、もう一本の棒でカメラをつつく。つまり被験者は、自分の胸がつつかれるのを見ると同時に感じながら、自身を後方から撮影している映像を見ることになる。「10秒もしないうちに、私は自分の体から引きずり出されて数フィート後方に浮かんでいるように感じはじめた」とは、この幽体離脱実験の実験台になることを志願したNature誌のジャーナリストの弁だ。

しかしエアソンはこれだけでは満足しなかった。彼はさらに実験を改良し、マネキンの頭部に取りつけられ、自身のプラスチックでできた胴体を見下ろしているカメラからの映像をゴーグルに映し出すようにしたのだ。そして、マネキンの腹部と、被験者の腹部を同時につついてみた。つつきはじめて少し経つと、被験者は皆、自分がマネキンだと確信するようになっていた。いや、確信したというと少し語弊がある。彼らも精神異常者ではないのだから、マネキンがただのマネキンだということは頭ではわかっていた。「私」がマネキンの中に入り込んでしまったと本気で信じていた者はいなかった。ただ、不気味なリアリティをもってそのような感じを覚えたというだけだ。

エアソンの実験は研究室で人工的に作られた条件下で行われたものであるが、私たちも日々、「私」である感覚と私の体の外にある物とが絡まり合う経験をしている。ペンを取り、紙になにか書く。このとき、あなたの身体はペンまで拡張している。この経験は、同じペンをずっと使い続けるとさらに強くなり、やがてはペンがあなたの一部のように感じられるようになる。あなたがもしお気に入りのペンをなくしたとしたら、その喪失感はペンの購入価格などといった現実的な問題をはるかに上回るものになるだろう。ペンにそんなこだわりはないよ、という人は、テニスラケットやゴルフクラブなど、なにかお気に入りのアイテムを一つ思い浮かべ、それをなくしたときの自分の反応を想像してみてほしい。長い間所有していたものほど、失ったときの悲しみは大きいだろう。それというのも、私たちが使い、価値を見いだしたものはやがて、私たちの脳の中に住む「私」の一部となるからだ。

どこからどこまでが自分の身体か

「身体図式」とは、私たち全員がもつ、自己身体の空間における位置関係に関してもっている暗示的知識のことを指す。道で歩いていて他の人とすれ違うときにぶつかったりしないのは、自分の腕や肩と、相手の腕や肩の間の空間を素早く無意識のうちに推定できるからだ。これが可能となるのは、私たちがこれまでの人生の中で、自分の体や、その外界での広がりの動的な表象（身体図式）を脳の中に作りあげてきたからである。加齢とともに体も変化することから、それに基づいて身体図式も変化する。

身体図式のもっとも興味深い点は、それが身体だけに限定されないということだ。細い道で車を運転しながらほかの車とすれ違うとき、私たちは細い道を歩いていて人とすれ違うときと同じプロセスを実行している。自分の車と相手の車との距離を正しく判断できるのは、その瞬間、私たちが知覚する身体図式に車も含まれており、「私」の一部になっているからだ。車が身体図式に含まれるという事実は、私たちの知覚や行動に影響を与えるだけでなく、感情的な反応を生じさせることもある。車体に小石が当たる音がしたり、わずかなへこみを見つけたりしただけで腹立たしく思ったり、ときには激怒したりするような人がいるのは、車が自分の身体図式に組み込まれたことで、過剰に自分と同一視してしまった結果である。

同様のプロセスは、ミュージシャンやアスリートにも見られる。楽器や道具を使い何年も練習を重ねると、それらの器具は彼ら自身の一部になる。

脳の中に「私」が現れるとき

私たちの脳が「私」を認識できるようになるのは2〜3歳ごろだといわれている。2〜3歳といえばちょうど、私たちが世界のことを一生懸命学ぼうとしているころである。歩いたり話したりするスキルを身につけ、他人を顔や声や歩き方で見分けられるようになる。

しかし、そのころの自分や、自分の周りのことを思い出すことはできない。このころの自伝的記憶が欠落している理由にはいくつかあって、フロイトは私たちが認めたくないと思っている性的あるいは攻撃的衝動の「抑圧」に独断的に帰したが、ときが経つにつれ彼の説は否定されるようになった。今日ほとんどの科学者は、私たちが3歳までのできごとを覚えていられないのは、抑圧などではなく脳の成熟のせいだと考えている。ここで重要になるのが、前頭前皮質と海馬体という二つの領域だ。

海馬体は、送られてきた情報が統合される門のような場所だ。海馬体の中で特に重要な働きをするのは歯状回とよばれる部位で、扁桃体につながっていることから情動性と自己同一性双方の発達に寄与する。歯状回は、海馬体の中の主要な2領域のうちの一つである。歯状回は発生初期には入力された信号を海馬体に送る役目をはたすことで、「私」という感覚の形成に一役買っている。この構造が完成して機能しはじめるまでの私たちはなにも記憶することができず、それゆえ2〜3歳ごろまでの経験を思い出せないのである。同様の健忘は、脳卒中で歯状回に損傷を負った成人にも見られることがある。

発達の初期段階における「私」の知覚にとって重要なことは、生後18〜24カ月ごろに生じる「自己認知」、すなわち「私」を「あなた」と区別することができる能力である。これを簡便に測る方法としては、子どもを鏡の前に立たせて、鏡に映っている人物を自分自身であると認識するかどうか調べるというものがある。それができるようになれば、その子どもはさまざまな事象を覚えられるようになっていく。

脳内での「私」の出現には、言語も必要だ。リーズ大学の研究では、もっとも初期の記憶の中身は、その記憶を叙述できる言葉を何歳で習得したかに依存するということがわかった。成人の被験者にキーワード（クリスマス）を与え、それについての最初の記憶を思い出してもらうと、だいたいその語を覚えた年ごろの記憶だったのだ。共著者の一人カトリーナ・モリソンは

New Scientist誌の記者に「ものごとを記憶するためには、それに対する語彙をもっていないといけない」と語った。

自己意識の出現と言語の習得が組み合わさると、子どもは自分と自分を取り巻く人や物について語ることができるようになる。このような物語の記憶が、脳の中の「私」という感覚の基礎となる。物語を作る腕前は、子ども自身の自伝的記憶の形成と並行して上達する。物語には語り手と聞き手がいるわけで、つまりこれは、母親や世話をする人は子どもの初期の自己意思の形成に重要な役割をもつことを意味する。

子どもに話しかける時間が多ければ多いほど、子どもの自伝的記憶は豊かなものになっていくのだ。だからこそ、(一般的に自伝的記憶の起点となる)2~4歳ごろの子どもには本を読み聞かせたり話しかけたりすることが重要だ。本の読み聞かせは自伝的記憶の形成を加速する働きがあり、その結果、子どもの自己意識の形成につながる。声かけはただ話しかけることでも本を読み聞かせることでもよく、それによって自伝的記憶がより早期に形成され、それにともないより強固な自己意識が芽生えることとなる。

さらに、そのストーリーがどれだけ詳細なものであるかも重要になる。細かいディテールを織り込んだ話ややりとりを母親とする子どもは、より大雑把で反復の多いやりとりを母親としていた子どもよりも早く自己意識をもつという。それは、子どもの言葉をただオウム返しする（「そうね、あれは大きなボールね」）か、子どもの言葉を受けてつぎのやりとりにつなげる（「他に大きなボールを見たことがある？」）ことができるかの違いだ。

「私」の喪失

成長してから自伝的記憶の正常な機能に障害が起きると、「私」という感覚が弱まったり失われたりする。私たちは、私たち自身がもっている自分の記憶そのものだ。だから、友人があなたと一緒に経験したできごとを覚えているのにあなたは忘れている、というようなときには不安を覚える。それは、自己、つまり「私」あるいは自伝的記憶（ここでは相互に関連し合っていてきっちりと分けられないもの）が不発弾を抱えているような感じである。「どうしてみんなそのことを覚えているのに私だけ覚えていないんだろう？」と自問自答することになる。

記憶の欠落が広がったり、持続したりすると、脳の中の「私」は不完全なものになっていき、やがて消失する。書きかけのままで終わっている小説のように、私たちの自伝的記憶は人生のいかなる点においても中断されうる。H・Mという有名な患者は、27歳のときに脳の両側の側頭葉と海馬の手術を受け、自伝的記憶を失った。手術後の彼の自己意識は、今ここに囚われてしまった。昔のできごとは思い出せることもあったが、新しい情報を刻み込むことはできなくなり、新しい記憶が作られなくなった。手術の日に、彼の自伝的記憶はまるでビデオカメラが撮影を止めたように機能を止めてしまった。それより前のシーンを再生することはできても、新しい場面を録画することはできなくなってしまったのだ。

大人になってから自伝的記憶を失うもっとも顕著な例はアルツハイマー病である。脳内に異常な副産物（異常タンパク質の凝集体やもつれ）が蓄積した結果、患者はまず人や物の名前を思い出すことに困難を覚えるようになる。病気が進行すると、記憶障害は自伝的記憶にもおよぶ。過去に自分に起きたできごとをまったく思い出せなくなるか、遠い過去と現在が混在する断片化した記憶を再構成したような記憶として思い出されるようになる。

脳卒中などで左半球の前頭葉や側頭葉にダメージを負った場合、言語と完全な自己意識が奪われてしまう。発話をともなわないテストの結果から、発作ののちに「私」が完全にいなくなってしまうわけではないことは明らかだが、発話でも筆談でもコミュニケーションをとることが困難になるため、かなりの障害を負うことは確実だ。

また、前頭側頭型認知症の患者は、それまでの人生ではあり得なかったような、社会性を欠いた行動をとりはじめる。もともと社交性があった人たちが不幸にも前頭側頭型認知症を患うと、ひどいことばかり言ったりやったりする、どうしようもない人間になってしまう。前頭側頭型認知症の人は他人を侮辱し、以前ならうまく駆け引きをしていたような場面でも「思うがまま」に発言してしまう。「ありのままに」言うだけでなく、風呂に入ったり服を着替えたりすることもやめてしまう。

病が進行すると、自分に批判的な人や不愉快に感じる人に対する攻撃的な物言いが、暴行へとエスカレートすることもある（「怒ったとき、なにが起きているのか？」を参照）。脳の中の「私」が完全にいなくなるわけではないのだが、自己や個性の繊細な部分や自伝的記憶が粗雑で攻撃的な別人へと変貌していくのだ。

知ることと感じること

私たちが生きていく中で、脳の中にいる「私」の意識は、認知的であったり情動的であったりする。ものごとを「認知的に」知ることもできるし、個人的な経験から知ることもできる。それらが同時に働くこともある。知識を信じなければならないときと、感情を信じなければならないときがあるし、場合によっては知識・感情どちらも尊重しなければならないときもある。

自分の「私」という感覚を他人に投影できるだけでなく、中国の思想家荘子のつぎのような逸話が示すように、私たちとまったく似ても似つかないような物の身になってみることもできる。

荘子と恵子は散歩しながら濠水の上にかかる橋にさしかかった。荘子は「ごらん、小さな魚が素早く泳ぎ回っている。あれが魚の楽しみだ」。

「君は魚ではないのに」恵子は言った。「どうして魚の楽しみがわかるのかね？」

「そして君は私ではないのに」荘子も切り返す。「どうして私がわからないとわかるのかね？」

「君ではない私が、君が何をわかるかわかるはずはない。ならば、魚ではない君も、魚の楽しみなどわかるはずもない、ということになるだろう」。恵子は主張した。

「では、君の最初の質問に戻ろうじゃないか」。荘子は言った。「君は、どうして私が魚の楽しみをわかるのか、と聞いた。その問い自体、私がわかっていたことを君もわかっていたという証じゃないか。実際、私は橋の上でそう感じたのだ」。

この会話に出てくる二人はいずれも正しいことを言っているのだが、その根拠は異なる。荘子が魚の「心」に入り込むことはできない以上、魚の楽しみに関する彼の観察は単なる憶測にすぎない、という恵子の主張は正しい。しかし、荘子もまた正しい。魚の楽しみを、彼らが橋の上から見たような素早く泳ぎ回る動き以外で表現することができようか？　これは共感に近い感覚（「共感や利他主義はどう生まれたか？」を参照）だが、大きな違いが一つある。荘子が得た魚との一体感は認知的なもの（「これが楽しんでいる魚の行動だ」）であって、主観的に不可能な、感情的なもの（「私が魚の中に入り込めれば、そういう風に行動する」）ではないということだ。荘子は「私は橋の上でそう感じたのだ」と言ったが、「私は橋の上でそう思ったのだ」と言うほうが正確だっただろう。

私たちの脳の中にいる「私」は私たちの存在のもっとも本質的な要素であると同時に、不気味に攪乱される（ヘンリック・エアソンの実験のように）ものだ。私たちの「私」という感覚は周囲のもの、特に自分の所有物だと思っているようなものと常に切り離せるわけではない。ヘンリー・ジェイムズの小説『ある婦人の肖像』に登場するマダム・マールは、自己同一性と所有物の深いつながりについてこう述べている。「私くらい長生きすれば、あなたもきっとわかるでしょう。人が皆自分の殻をもっていて、その殻についても考えなくてはいけなくなるということを」。殻の例としてマダム・マールは人々が身につける衣服や、住んでいる家、収集物などをあげる。すべての人の殻が異なるというだけでなく、この殻をなくせば「私」は縮んでしまうか、ことによると殻と強固に結びついている余り、殻もろともなくなってしまうのかもしれない。

自由意思は幻か?

私たちがなにをしようとしているか脳は先回りして知っている?

私たちが生きる現代では、人々の行動は日々彼らが垂れ流す情報をもとにたやすく予測することができる。iTunesやAmazonは私たちが以前どんな音楽や本を選んだかを知っていて、それに基づき私たちが将来どのようなものを選ぶか、不気味なほど正確に予測する。

過去の行動をもとに将来の行動を予測すること自体は、なんら新しいことではないし、特別な技術を必要とするものでもない。私たちは習慣に縛られる生き物である。あまり認めたくはないが、配偶者や親友は、私たちがある状況下でどのような対応をとるかを私たち以上によく知っていたりする。それは、彼らが私たちと長い時間一緒に過ごしてきたことに加え、私たちの行動を客観的なところから観察できたからこそ可能なことである。彼らは、過去の私たちの行動をまとめたカタログをもっているようなもので、それを見ながら私たちの将来の行動を予測しているというわけだ。しかし今や、Facebook のようなウェブサイトのほうが、私たちに関する情報をどんな大親友よりもたくさん抱えている。

行動予測は現在、広く使われている情報技術（ＩＴ）に基づいて行われている。あなたがレディ・ガガのコンサートに今晩いこうと思っている場合、あなたはそのコンサートにいくことを自分の意思で自由に決めたと思っていることだろう。しかし世の中には、あなたのレディ・ガガのＣＤ購入履歴や、同じようなコンサートに過去にいった記録をもとに、あなたが今晩のコンサートにいく確率を事前に推定できるような優れたアルゴリズムが存在する。アルゴリズムはまた、あなたがそのコンサートをどれくらい楽しめそうか、前日のコンサートにいったあなたのFacebookの友達が書き込んだ反応をもとに予想することさえできる。彼らが熱狂していた様子であれば、あなたが同じようにコンサートを楽しめる確率はあがるだろう。さらに、神経活動のイメージング装置というものも存在し、これを使えばあなたがその書き込みを見聞きしたとき、コンサートにいくという最終決断を下す可能性を弾き出すことができる。あなたがコンサートにいって楽しめるかどうかは、あなたが思うほどにはあなた自身の意思の制御を受けていないのかもしれない。では、あなたはコンサートに行くことを、すなわち、もっとも基本的な意思決定のレベルですら、自由意思で決めていなかったのだろうか？

脳と自由意思

近代の神経科学が自由意思という概念に影響を与えはじめたのは１９８３年のことだ。その年、神経生理学者ベンジャミン・リベットは、脳の活動が随意的な決定（ここでは、手を動かすこと）のだいたい１／２秒前に検出できることを示す論文を発表した。それ以来、ｆＭＲＩを使って全脳を観察する実験などが行われ、リベットの研究成果がより洗練された形で理解されるようになった（リベットの実験では、脳の限られた部分の活動のみしか検出できなかったのだ）。

ベルリンのベルンシュタイン・センター（Bernstein Center for Computational Neuroscience）の神経

科学者ジョン・ディラン・ヘインズによる実験では、参加者は脳スキャン装置の中に横たわりながらランダムに文字を見せられ、好きなタイミングで左手か右手でボタンを押すように指示された。また、ボタンを押すと決断した瞬間にスクリーンに映し出されている文字を覚えておかなければならなかった。

このような実験を行った結果、ボタンを押すという決断は、実際にボタンを押すよりもおよそ1秒早くなされていたことを見いだした（リベットの実験のあとであるから、ここになんら不思議なことはない）。驚くべきことは、ボタンを押すことにつながる脳の活動パターンが、実際にボタンを押す瞬間から最大7秒もさかのぼれたことだ。被験者が決断するはるか前に、脳はある意味すでに決めておいてくれていたわけだ。

ほかにも神経細胞1個のレベルで同様の知見を得た研究者がいる。細胞の活動は被験者が行動することを意識下で決めるおよそ1・5秒前から検出できるというのだ。ボタンが押されるおよそ700ミリ秒（ミリ秒は1／1000秒）前の時点で、その研究者はボタンを押すと決断するタイミングを80％以上の正確性で当てることができた。

リベットやヘインズの実験と同様、行動することの決断は、その行動を司る脳内のプロセスがすでに起こったのちに意識にのぼってくる。これらの自由選択実験の結果を踏まえて、自由意思などというものは幻だ、私たちの行動は私たちの脳がすでに決めていて、意識はそこにあとから加わる補足程度のものなのだと結論づける神経科学者もいる。私たちが感じていた自律性や自由は、運命決定論という無情な現実に道を譲らねばならないというのだ。

しかし、先ほどの自由意思に関する実験には批判もある。まず、私たち自身の行動に対する意識は連続的なものであって、通り抜けられないバリアによって分断されるようなものではないということだ。あなたは今この文章を読んでいる瞬間、座っている椅子に注意を払っていなかったことだろう。たった今私があなたの注意を向けさせるまでは。

第二に、その研究が、脳の働き方に関するかなり古いモデルに基づいたものであったことがあげられる。脳の予備的活動は、火事のときのバケツリレーのような一つながりになったものだととらえるべきではない。実際は、広範囲にわたって相互作用が連続的に起こる複雑なネットワークの中で、脳内の多くの領域にまたがる複数のプロセスが並行して起こっているのだ。

第三に、意識的に決定してから行動に移すということそのものが、場合によっては百害あって一利なしということもある点だ。森の中を歩いていてヘビに出くわしたら、意識的になにかを考える暇もなく飛びのくであろう。「ふむ、これはヘビだから後ろに下がったほうがよさそうだ」などという考えが頭に浮かぶことは一切ないはずだ。危険を感じたときに脳がそのように働くことは理に適っている。「ヘビ」が実は小枝だったとしてもほんの数秒無駄にしただけで済むのだから、悠長に考えを巡らせて命を失うことと比べたら安いものだ。

第四に、そして私はこれが一番重要だと思うのだが、これまでに私たちの自由意思が幻想だと「証明」したとされる自由意思の実験は、人為的な条件下で、研究室内で行われていた。その結論は、きわめて人為的な条件下における心理学的実験で、数秒あるいは数ミリ秒という短いタイムフレームで脳が反応したのだから、もっと重要な検討を要する場合でも同じように反応するのだろう、という、荒っぽい推測に基づいたものであった。

実験で下されたささいな決断（「被験者はきっちり何秒後にボタンを押したのか？」）と、たとえば治療をしようがしまいが余命はあと1年弱と診断された場合の、腫瘍を外科的に切除するか、はたまた化学療法を実施するかといった決断とを比較することに、はたして意味があるのだろうか？　そして、その決断や、そのとき生じる神経学的物証が意識的な気づきよりも前に認められたからといって、その決断を下したのが「私」ではないとどうしていえようか？（「脳の中の

『私』の正体とは？」を参照）

そして最後に、第四の点にも関連するが、このような実験が実生活で私たちの決断に大きく影響しているはずの、人間の衝動性や単なる気まぐれの存在を認めていないことがあげられる。たとえば、今日私は、オフィスから車で帰宅する道順をあらかじめ決めていたが、ある交差点にさしかかった瞬間、私は衝動的に別の道を通ろうと心変わりをし、ハンドルを切った。「衝動的」と言ったのは、私に道を変える理由などまったくなかったからだ。単に、「なんとなくそう思った」からそうしたまでだ。

今思い返してみても、なぜ私があのときルートを変更したのか自分でも説明できない。だから、研究者が私のところにやってきて、あのときあなたがハンドルを切ろうとする数秒前に脳がにわかに活動したんですよ、などと言ったとしても、それは私にとってなんの意味ももたない。私にしてみれば、衝動的な決断が脳の広範囲にわたる活動の中から生じたというだけのことだ。なんといっても、ある方向に車を曲がらせたのは、全体としての「私」である。私の決断が意識的な気づきにいたるまでに少し時間がかかったからといって、私の行動があらかじめ決められていたという証拠にはならないはずだ。

偽りの自由意思を暴くもっとまともなシナリオはないのだろうか？　たとえば、神経科学が飛躍的な進歩を遂げ、私があの交差点にさしかかったときに帰る道順を変えることを、私がオフィスを出る前に予測できるような手法を開発するといったものだ。そのような未来では、自由意思に基づいた行動について話すことはずっと難しくなるだろう。しかし、今のところ、そのようなシナリオは空想の域を出ないし、そのような並外れた予知技術が近い将来実現するという見込みもない。

ウィリアム・ジェームズは「自由意思」に賛同すべきかどうか判断することの難しさを予期していた。彼は「自由意思の問題は、厳密に心理学的なやり方では解決できない」とした。ジェームズにとって、自由意思を信じることこそが、自由意思の最初の一歩であった。

科学と道徳が決闘を始め、そこに客観的な証拠がないとすれば、できることは自発的に選択することのみである。懐疑論それ自体も、もしそれが体系立っているのであれば、自発的に選択されるのと同じことだ。ゆえに、自由意思を選択するならほかのあらゆる選択肢の中から自発的に選ばなければならない。自由が最初にすべきことは、自身を肯定することだ。

確率的に振る舞うニューロン

私たちの在り方に影響を与える生物学的要素の多くは決定論的（たとえば目の色などの物理的［身体的］特徴は遺伝によって決まっている）であるが、脳のことになるとそうはいかない。ヒトゲノムが脳の構造や機能を規定するに足る数の遺伝子をもっていないというのが一つの理由だ。また、実験や細胞レベルでの観察から、神経細胞の最終的な配置は、環境に影響を受ける神経細胞の移動パターンに依存することもわかっている。細胞の移動が正常に起これば、正常な脳ができる。移動がきちんといかなければ、無数に報告されているなんらかの脳疾患を患うことになる。

生理機能のレベルでいえば、一つひとつの神経細胞は決定論とは無縁の自由な存在だ。ニューロン同士は、活動電位という、一つのニューロンの軸索から他のニューロンへと情報を伝える役割をはたす膜電位の瞬間的な変化でコミュニケーションをとっている。この電位変化は全か無かの法則に基づいて伝わる。ニューロンは発火して活動電位を生み出すか、発火しないかのどちらかだ。しかし、発火する頻度や、発火するタイミングは完全にランダムである。つまり、ニューロン自体、そのつながり、そしてニューロン一つひとつの発火のタイミングに無数のバリエーションがある。だから、脳はそもそもランダムに動作するものだととらえるべきで、それは構成するニューロンがもつランダムさに由来しているわけだ。細胞レベルで見た脳の機能は生来、非決定論的なものなのだ。

さらに、非決定的な状況を改善させたくとも、そこには技術的な限界がある。たとえば、任意のある時点における各ニューロンの発火する可能性を計算することなど不可能である。さらに、各ニューロンがもつランダムさを、平均的なネットワークを形成するニューロン数（おおよそ数千〜2万程度だ）で乗じなければならない。しかも、これで満足してはいけない。全脳に含まれる、それぞれが確率論的に振る舞うニューロンの数はだいたい1000億個と見積もられているうえ、各ニューロンは一つ以上のニューロンとシナプスを形成しているのだ。

このように、非決定的存在であるニューロンの数は想像を絶するため、なんとかたとえ話で大まかに理解してみよう。成人のヒトの脳にはおよそ1000億個のニューロンが存在し、そこには1000兆個の接続がある。中規模の都市の人口はだいたい100万人くらいだ。この地球には現在70億人ほどの人類が住んでいるわけだが、1000億個の神経細胞に比べたら少ないし、それらが作る接続の数に比べればまるで取るに足らない数だ。

では、これらの数を、個々に内在する予測不可能性という観点からとらえてみよう。オックスフォード大学の神経科学者エドモンド・ロールスいわく、「このシステムは自由度がきわめて高いので、非決定性システムとして効率よく動作する」。

自由意思に関するダーウィンの実験

自由意思の存在、または非存在を明確にしようとする試みは、驚愕反応という、思考を混乱させる概念の混同に邪魔される。というのも、脳に刻み込まれた自律的反応とでもいうべきものがいくつかあって、私たちの振る舞いに生物学的な足かせをはめているからだ。ただし、束縛されているからといって、私たちが自由に行動できないというわけではない。

ロンドン動物園でチャールズ・ダーウィンが行ったパフアダーという毒ヘビを用いた実験では、私たちの脳が行動に制約を与える様子が鮮やかに示された。ダーウィンは猛毒のヘビの展示で、ガラス一枚でヘビと隔てられたところに顔を置き、ヘビが彼に向けて飛びかかってきても顔を動かさないように努めた。

私はパフアダーを囲む厚いガラス板に顔を近づけ、……ヘビがもし飛びかかってこようとも絶対に顔を背けないと固く決心していた。しかしヘビがこちらに一撃をくらわせるやいなや、固い決意もむなしく、私は驚くべき素早さで1～2ヤードも飛び退ってしまった。私の意思や理性は、これまで経験したことのない危険という想像の前には無力だった。

ダーウィンの名誉のためにはっきりさせておくと、彼が飛び退ったのはなにも意思が弱かったわけではなく、彼の理性（ガラスの向こうから自分に攻撃できるわけがない）や意思（ヘビが顔めがけて突進してきても動かないという決断）よりも強力な防御反射からくる動きだ。自由意思は常に、より深部の、より原始的な、生き延びるという任務を帯びた脳の働きに左右される。ヘビに咬まれれば確実に死ぬ（抗毒素はまだなかった）という状況下で、ダーウィンの脳は正反対の衝動の板挟みになった。ダーウィンの脳の半分は、ガラス板に守られているのだから大丈夫だとわかっていたが、もう半分は自己を守るために反応したのだ。そういう意味で、彼の反応はあらかじめ決められていた。意識が決断するに足る時間が与えられなかったからだ。

しかし、ヘビの一撃から飛びのいたとき、ダーウィンの自由意思は不在だったのだろうか？この問いに首肯することは、自由意思という概念に不自然な、そして最終的には無益な混乱をもたらすことになろう。自由意思とは、脳という組織やその機能によって課される範囲内でのみ表れるものである。ダーウィンの実験については、こう考えるべきであろう。彼の反応は、私たち全員がもつ、自然な驚愕反応によるものであったと。

科学者が最初に驚愕反応を知ったのは、カーニー・ランディスとウィリアム・ハントという二人の米国人心理学者が1930年代に実施した一連のおかしな実験からであった。今日の実験の標準に照らすと彼らの手法はまるでローレル&ハーディー(日本では極楽コンビとして知られたアメリカのコメディアン)のネタのようであった。二人のうち一人が、なにも知らずに道を歩いている被験者の後ろに忍び寄り、ピストルの空砲を撃つ。そのときの被験者の反応を、もう一人が撮影するというものだ。このばかばかしいやり方で、彼らは再現性の高い、ほとんど個人差がない驚愕反応を発見した。全身が屈曲し、目は閉じられ、頭が前方に動き、肩は前方に引っ張られるようにすくめられ、上腕は胴体から離れるように持ちあがり、膝は曲がる。被験者らは反射的に動いていたのであって、その反応は意思がコントロールしたものではなかった。

ただし、だからといって脳に「刻み込まれた」自動的な防御反応が必要ない場合であっても彼らが自由意思をもたないと主張したいわけではない。人が熟考する猶予を与えられない状況下で反射的に反応したからといって、その人が自由意思をもたないとはいえない。

長い目で見たときの自由意思

リベットの実験（いつ手を動かすか）やダーウィンの毒ヘビ実験、そして、そのほかの実験は皆、簡潔に実施しようとするあまり、短いタイムフレームで被験者に「やるか、やらないか」という形の決断を迫るものばかりであった。

しかし、研究室で行われる実験や、ダーウィンがやったような風変わりな自己実験で自由意思を立証するのは、過度な単純化をともなってしまう。私たちは研究室で生きているわけではないし、日常的にパフアダーに出くわすこともない。

自由意思の存在を真に否定するためには、脳の活動を分単位、時間単位、月単位、ひょっとすると年単位で計測するような実験を行うべきであろう。たとえば、私は最近、30年間修道士として勤めたあとに、修道院を出てもとの人生に戻り、教師になったという人に会った。彼は、16歳のときに修道士が〝天職〟であると悟り、聖職者による学校に入った。数年後、彼は修道士になった。そして30年後、修道士としての人生は自分には合っていないと感じ、聖職を降りる決断をしたのだ。

彼はこれらのまったく異なる決断について、毎回自由に行動していたのだろうか？　彼の選択の自由を否定するというのであれば、彼の人生は16歳の時点で彼にはコントロールできないなにかによって決められたということになるし、修道士としての生活を30年間継続したことも自由に選んだわけではない決断に基づいていたことになる。修道士としての人生が合っていないと結論づけたのも自由な決断ではなかったということになり、挙句の果て、修道院を出るという決断も自由に決めたわけではなかった、ということになる。

神経科学が、このような何年にもわたる長期的な場面での脳の役割に言及できるようになるまでは、神経科学は自由意思の存在・非存在を判断できる立場にないと思われる。今の私たちに残されているのは、サミュエル・ジョンソンの洞察に満ちた以下の発言だ。「すべての理論は自由意思に反対する。私たちはただそれを経験するのみだ」。

思考とはなにか?

心の働き

思考は、トピックなしには起こらない。私たちは常に、なにかについて考えている。また、なににについて考えるかを自分で選んでいる（または、状況により選ばざるを得ない）。あるトピックに注意を向ける思考は、自主的な努力なしに心をさまよわせる白昼夢とは異なる。

心をさまよわせる「マインドワンダリング」とは違い（「なにもしていないとき、脳はなにをしている？」を参照）、思考するのには努力をともなう。込み入った思考をするには多くの努力が必要だ。簡単に答えが出るような問いであれば、そもそも頑張って考える必要もないのだから。

私たちは、特に難しい問題について考えるようなときに、冗談めかして「考える帽子」をかぶると言う（thinking capとは「本気で考える」という意味の慣用表現）。考えるためには特別な条件が必要だというアイデアの端緒は17世紀、1605年にロバート・アーミンが著した〝*Foole upon Foole*〟に出てくる「considering cap」までさかのぼる。

「considering cap」にせよ「thinking cap」にせよ、思考を活性化させるのに適した環境があるということはたしかなようだ。細かな条件はいろいろあるだろうが、ほとんどの人は生きていく中で、ストレスがなく、静かで、整頓された環境でより考えごとがはかどることを知る。わざわざ「ほとんどの人は」と断ったのは、小さいころからインターネットなどのコミュニケーション技術に親しんできた人たちの間に、例外が見られるからだ（「機械は脳をだめにする？」を参照）。だが、携帯電話で話しながらEメールを読みつつチャットをするなどという芸当に慣れていない人々にとっては、きちんと考えるためには整理整頓された環境が必要だ。

最適な環境がどのようなものであるにせよ、思考の末に問題の解にいたるには時間がかかるものだ。思考は、瞬間的に生じる創造的洞察（creative insight）とこの点で異なる。この違いはしかし、不変なものではない。降ってわいたように突然に見つかる答えも、そのほとんどは、そのトピックについて深く考え続けた末に生まれるものだからだ。

ルイ・パスツールの言葉を借りれば、「観察の分野では、チャンスは準備された心を好む」。これに似た、私がもっとも好きな名言は、幻覚剤ＬＳＤの発見者であるアルバート・ホフマンの言葉である。「私のＬＳＤの発見が偶然であったことは間違いないのですが、これは周到に計画された実験が、体系立った薬学的、化学的研究という枠組みの中で実施された結果得られたものなのです」。

効果的な思考に必須な条件はいくつかあるが、中でも重要なのは論理、精度、意義、視野、そしてなにより重要なのは、自身の思考の質を評価する意思である。「思考について考える」ためには客観性が不可欠だが、本人が結論を出したいと強く望んでいる場合に、それは特に難しいこととなる。

哲学者カール・ポパーによる精神分析の批判を例にとると、ポパーは理論が科学的であるとみなされるためには、反証可能性のテストに合格できなければならない、つまり新たな情報に基づき誤っていると証明される可能性がなければならないと主張した。たとえば、「200年生きたヒトはいない」は正しいが反証可能である。この説に反証するには、200歳以上まで生きたと確実に証明できるヒトの例が一例でもあればよい。これまでのところそのような発見はなく、今後もありそうにはないものの、その主張自体が反証可能であり続けることはたしかだ。

一方でポパーは、精神分析というものが、どのような情報源からの情報をもってしても精神分析の根底をなす信念体系を反証できないため、反証可能ではないと主張する。精神分析者の手にかかれば、患者がなにか言ったりやったりすることはすべて、精神分析論の文脈に沿った解釈によって「説明」可能だ。患者が精神分析者の解釈を受容するならばそれでよし、精神分析の解釈を拒絶すれば「抵抗」、そして、解釈になんの反応も見せなければ「否認」とされるのだ。

思考と脳の関係

従来、思考は演繹と帰納に分けられてきた。演繹は一般的なルールからスタートし、特定の事例を推論していくことである。帰納は複数の事例をもとに一般的な結論を導き出すことである。帰納には、二つの要因から誤りが生じうる。まず、複数の事例に基づく一般化には、サンプル数が不十分である可能性がある。白い白鳥を何羽観察したとしても、黒い白鳥がいないと結論づけることはできない（標本誤差を打ち消す数の観察を重ねて初めて、黒い白鳥の存在の有無を立証できる）。第二に、帰納法による一般化が誤っていた場合、その結論に基づく行動に欠陥が生じる可能性がある。

帰納と演繹、いずれの思考を行うのにも、正常に機能する前頭葉、特に外側前頭前野が必要だ。いうまでもなく、左前頭葉は言語と構文に深く関わっていることから、言語に基づく推論に欠かせない。さらに、左前頭葉は演繹的推論を司る主要部位でもある。

考える対象となる問いが具体的か抽象的かによらず、思考とは複数段階にまたがるプロセスである。まず、その問いやジレンマ（矛盾）は、あなたの興味を引き、注目を得るものでなければならない。あなたが問いに気づかない、あるいはそれを解決することに興味を見いだせなければ、それに取り組もうという原動力は生まれない。

つぎに、あなたはその問いを、言葉にはならないが答えが出る種類の課題、あるいはイメージに変換しなければならない。変換後の課題やイメージが明確であればあるほど、もとの問いの解に到達しやすい。あいまいな、不正確な課題に変換してしまうと、正しい解決策を見いだす可能性は著しく低くなる。よい課題は、関連する情報を集めることから始まる。すると、ありうる答えが自然と出現してくるので、それらを一つひとつ丹念に検討していくことが必要になる。この段階の思考においては、前頭葉の実行機能が全力で働いている。前頭葉に機能不全がある場合、この段階で、ある解決策を選択し、それを実行した場合に生じるだろう結末を予想する能力が失われる。

そして、最後の総合段階とでもよぶべき段階では、問いのさまざまな側面をジグソーパズルのピースのように組み合わせていき、一つの総合的かつ意味のある解決策を導き出す。

思考が完結したところで、もっとも重要な要素が登場する。すなわち、思考から導き出された解に基づき行動を起こすことだ。神経系において、思考は行動と緊密につながっている。そういう意味で、思考とは行動と感覚の間をつなぐ接合点のようなものとみなすことができる。動物や、熟考する猶予なく矢継ぎ早に反応することが求められる状況下のヒトは思考という形をとることができず、自律的で自由度がほとんどない本能的な反応に置き換えられる。

人によっては、有効な思考から得られた結果に基づき行動する決断を下すことに困難を覚えることがある。19世紀の心理学者は、決断し、それに基づいて行動する能力を病的に欠如した人を形容する最適な言葉を見いだした。「無為（abulia）」とよばれるこの状態は、実は決して珍しい病態ではない。私たちの周りにも、思考を巡らせた結果、一つの明快な決断にいたるのではなく、「一方では……しかし他方では……」という終わりなきジレンマに囚われてしまう人がいるだろう。彼らは結論をもとに実際の行動に移る代わりに、躊躇し、時間稼ぎをしてしまう。こういう種類の人間は、優れた外科医や航空機のパイロットにはなれないだろう。というのも、このような職業では、問題について思考し答えを得たら、迅速かつ揺るぎない姿勢で行動に移すことが問われるからだ。無為状態の人では、思考から行動をとるまでの、通常であればスムーズなはずの移行が、最後のステップで妨害されてしまう。

抽象的思考と具体的思考

思考は、幼少期に始まる継続的な成熟過程に沿って発達していく。スイス人心理学者ジャン・ピアジェが初めて公式に、思考は幼少期から発達を続け、12歳ごろに、彼が名づけた形式的操作段階という段階にいたると仮定した。この段階では、子供は抽象的な言語で思考することが可能になり、論理的命題を理解し、仮説に基づく論証ができるようになる。今日、ピアジェの研究成果に関して私たちが目にすることができる文献はそれほど多くないのだが、それには理由がある。彼の研究対象は、ヨーロッパの裕福な家庭の子供に限られていたのだ（それどころか、主な被験者のうち3人は彼自身の子供であった）。この研究対象選択の均質性により、ピアジェは文化が思考に強い影響を与えることや、全般的な知能の発達を無視する結果に終わった。

ピアジェと同時代を生きたソビエト連邦の心理学者アレクサンドル・ルリアは、思考を決定づけるのは純粋なる遺伝的、あるいは発生学的要因ではなく、文化的要因だと強調した。彼が1931年に行った研究では、ロシアのへき地にある、近代化の波が押し寄せる何年も前の村の住民を対象とした。彼は、綿花の栽培で生計を立てている読み書きのできない農民が、論理的思考とよばれるような抽象的な概念や知識の類に基づく思考ではなく、個人的な経験に基づいた思考をすることを明らかにした。

「この思考様式における言語の主な役割は、抽象化や一般化ではなく、実際の場面を映像として再構成することにある」とルリアは述べ、ある問いに対する農夫の答えを例として紹介している。「魚とカラスに共通のものは？」という問いに対し、この農夫は「どちらも動物である」と答える代わりに、その違いを際立たせようとした。「魚は水の中に住み、カラスは飛ぶ。魚が水面で寝ていたら、カラスはそれをつつく。カラスは魚を食べるが、魚はカラスを食べることはできない」。

ルリアの研究の被験者にとって、抽象化や一般化は困難というより、不可能だったと思われる。しかし教育水準があがるにつれ、原始的な思考から抽象的な思考へのシフトが見られた。20世紀に入ると、心理学者ジェームズ・フリンが発見したように、抽象的に思考する能力獲得がＩＱ上昇につながることが示されたのだ（「機械は脳をだめにする？」を参照）。

思考にまつわる疾患

抽象的ではなく具体的な思考しかできないというのは、思考障害の一例にすぎない。日々の会話の中ではより微妙な思考障害が非常に多く見られ、話し相手がもどかしさやいらだちを覚えることが多い。「それで、要点は？」「その二つの話がどうつながるのかがわからない」「君の結論はその理由では正当化されないよ」。軽微な思考障害をもつ人の一見不可解な主張に対する反応として一般的なのはこのようなものであろう。

ほかにも思考の異常として見られるものは、最初は不合理であったり、ばかげたことを言っているようにしか聞こえないのだが、ある特定の状況下では意味をなすような思考である。

「僕は今日バスにのったほうがいいかな、それともお弁当を詰めたほうがいいかな？」と出勤前に妻に尋ねる夫がいる。この質問は一見、頭がおかしくなりそうなほど意味不明だ。ただし妻が、雨の日には夫が自家用車で出勤してオフィスでお弁当を食べるのに対し、晴れた日にはバス通勤して近所のレストランでランチを食べることを知っていれば、意味が通る。この前提を知らない人は皆、バスとお弁当とレストランのランチと自家用車と天気にまつわる、この高度に圧縮されたコミュニケーションを理解することなどできまい。よって、夫が妻以外の誰かにこの質問をし、相手が理解してくれると期待するようであれば、彼は思考障害を患っているように見える。彼の思考は相手には混乱しているように聞こえるからだ。

多くの言い争いは、軽微な思考障害をもつ人がするこういった一見意味不明な発言や、当人は当然だと思い込んでいる暗黙の了解に聞き手が困惑したり、怒りを覚えたりするために起こる。

もう一つ一般的な思考障害は、考えすぎることである。強迫性障害（obsessive-compulsive disorder）の患者は、考えることをやめることができず、内なる考えに応えて不合理な行為を儀式のように繰り返す。もともと、強迫（obsession）という思考は衝動（compulsion）という行動とは明確に分けられたものであるが、その線引きはそれほど簡単ではない。

疑うという強迫観念は、確認したいという衝動と混ざり合っている。清潔さを求める脅迫観念も、実際に洗浄するという衝動と継ぎ目なくつながっている。極端な強迫性障害の例は、重症度に差はあれど精神神経疾患とみなされるが、私たちの価値観の中でも軽度ではあるが似たような葛藤が起きている。たとえば、私たちは法律の細かな点や病気の診断などの悩みに応えてくれる信頼できる弁護士や医師を探す一方で、自分たちが抱える法的問題や疾患について独自に調べることもやめない。

ものごとについて考え抜くとは

人の思考には、非常に多くのバリエーションが存在する。「偉大な思想家」と私たちが表する人々の思考は、平均的な思考とは量的にも質的にも異なる。その反対に、「ものごとを最後まで考えない」人や、知的な難問に直面したときに深く考えているように見えない人、演繹的あるいは帰納的思考が求められる問題にも考えを巡らすことなく衝動的に反応する人を「軽率だ」と言ったりする。

「ものごとについて考え抜かない」人を非難することの裏には、思考には時間がかかるものだという暗黙の了解があることがうかがえる。課題が難しければ難しいほど、対応を「考え抜く」にはより多くの時間が必要になる。注意力に問題がある人々がきちんと考えることができないのは、さまざまな解決策を考慮するために十分な集中力を長時間維持できないからだ(「二つのことを同時に考えられる?」を参照)。

中世の学者らは何世紀もかけて、正しい思考をするためのルールとして論理の規律を作りあげてきた。論理はひところ、バックグラウンドも興味の対象も多種多様な生徒たちに対し、猫も杓子もといった様子で教えられていたが(医学系に進もうとしている学生にも論理が必修科目だったと記憶している)、今日では哲学科以外ではそれほど熱心に学ばれていない。

論理の規律は、正しい思考のみが真実をもたらすという信念に基づいていた。思考が厳密に論理的でなければ、誤りが起こるというのだ。しかし、その信念自体が問題を生む。機械は形式論理学のルールに従うことができるから、狭義には機械は思考できることになる。たとえば、迅速な計算が思考であると認めるならば、スーパーのレジはお客の誰よりも有効な思考ができる存在だということになってしまう。ディープ・ブルーというコンピュータープログラムは、1997年、当時チェスの世界王者であったゲイリー・カスパロフを打ち負かしたわけだから、定義上は、チェス史上最高のプレイヤーの一人よりも優れた思考ができるということになる。しかし、ディープ・ブルーのチェスの思考は、スピードと手数のレパートリーの多さに依存する、いわば力ずくの思考法であった。生身の人間のチェスプレイヤーはそういう思考法はしない。ディープ・ブルーは、私たちとは違うやり方で「考える」のだ。

言語が思考を決定する

言語学者ベンジャミン・リー・ウォーフは1938年に、言語が私たちの世界に対する考え方や話し方を決めると示唆した。たしかにこれは、私たちの日々の経験と一致している。医学部を卒業した医師や、法科大学院を卒業した弁護士は、日常的に使われる語（「頭痛」や「資産」）をより微妙な、高度な意味合いで使うことが多い。似た状況は、成人になってから二カ国語目を話せるようになった人にも見られる。二カ国語目にどれほど精通しようとも、微妙な違いにより混乱が生じることがある。特に、母語では「意味が通らない」イディオムやフレーズでよく起こることである。

私の友人に英語を流暢に話せるフランス人がいるが、彼女の友人がとあるリベラル・アーツ・カレッジのことを「ダークホースだ」と表現したとき、彼女は非常に当惑した。友人はその学校のことを、アイビー・リーグの大学ほどいきたいわけではないが、最終的にはいってもいいと思えるかもしれない、という意味でそうよんだのだが、彼女にはその意味がまったくわからなかった。それというのも、フランス語で「ダークホース」に相当する意味をもつ表現に出会ったことがなかったからである。

思考に影響を与えるのは、なにもイディオムだけではない。時間や空間といった基本的な存在を概念化するやり方も一人ひとり異なっていて、思考を決定づける。

思考に空間的なメタファーが与える影響の例として、以下のようなシチュエーションを考えてみよう。あなたは会社からつぎのようなEメールを受け取った。「今度の水曜日のミーティングは、2日先に変更になりました（moved forward two days）」。さて、あなたはミーティングが何曜日にリスケジュールされたと思っただろうか？

あなたが月曜日と思ったか金曜日と思ったかは、心理学者レラ・ボロディスキーがいう時間移動型（time-moving）の視点で考えているか、主体移動型（ego-moving）の視点で考えているかに依存する。自分が時間の中を前進している（主体移動型の見方）ととらえている人は、ミーティングを先に動かしたなら、自分が前進するのと同じ向き、すなわち金曜日に変更になると考える。しかし、時間という自然の力があなたに向かって動いてくる（時間移動型の見方）ととらえている人は、ミーティングを先に動かすと、ミーティングがより自分に近づく、すなわち水曜日から月曜日に変更になると考える。

また、この質問をされた人がそのときになにをしているかによっても、その解釈に大きな違いが生じる。空港に誰かを迎えにいこうとしている人は、だいたい五分五分の確率で月曜日とか金曜日とか答える。しかし、空港に到着したばかりの飛行機の乗客（出発地から目的地までのフライトで空間を移動してきた）は、圧倒的に金曜日を選ぶ。この例では、自分自身を空間の中でどのように想像するかと時間をどうとらえるかが、密接に関連していることがわかる。

思考するときに時空間メタファーに引きずられる傾向があるものの、私たちは、私たち自身の思考について文脈の制約を受けずに考えることができる唯一の生き物である。このことは自由をもたらすものであるとともに、潜在的に危険でもありうる。十分に考えないと、私たちは欲望の餌食になってしまう。考えすぎると、私たちは自由な思想を失い、強迫観念、衝動、その他の思考障害に囚われてしまう。

好むと好まざるとにかかわらず、私たちは第一に考える生き物である。思考は場所、時間、環境の制約を超えることを可能にする。「我思う、故に我あり」とはデカルトの含蓄のある言葉だ。思考こそが私たちの本質なのだ。

なにもしていないとき、脳はなにをしている？

マインドワンダリングの喜びと危険性

能動的になにかをすることは、目的意識と関連している。自分がなにもしていないと感じるとき、脳もまた同じように不活性な状態だと思いがちだ。しかし、脳はいつでも、私たちがそう感じないときも、休みなくなにかをし続けている。

私たちが覚醒している間、意識の流れという形で心が存在する。一方、私たちが寝ている間は、周囲で起こっているできごとをなにも意識しないのだから、脳も活動していないと思いがちである。しかし、夢というものの存在が疑問を投げかける。夢を見るということは、脳がなんらかの形でその夢を作り出しているのではないか？　理に適った推測だ。しかし、20世紀半ばまではこのことを証明する手立てがなかった。そのためには、夢以外なにも経験せずなにも観察できない睡眠時にどうして脳が活動していられるのかを説明するなんらかの手段が必要である。

1920年代にハンス・ベルガーが脳波計（EEG）を発明すると、神経科学者らは脳が眠ることなどなく、そのリズム波も止むことがないということを見いだした。深い眠りについているときですら、覚醒時に見られるものとは異なる種類の脳の電気的活動がEEGに記録され続けた。死亡したとき以外、脳波の振動が完全に消えることはなかったのだ。

1950年代、ナサニエル・クライトマン、ユージン・アゼリンスキー、ウィリアム・ディメントは夢の研究に特化した研究室をシカゴに作り、夢研究の新たな展望を切り拓いた。彼らは、覚醒時の脳と夢を見ているときの脳はそれぞれ特有のEEGパターンをもつことを発見した。すなわち、睡眠時の脳は「なにもしていない」わけではなく、そこでは多くの機能的活動が起きていたのだ。しかもこの活動は、夢を見ているときを除き、なにかを主体的に経験しているわけではないのに起こる。睡眠時には、新たな記憶が作られたり、長期記憶が定着したり、シナプスが作られ回路を形成したり、といった活動が起きている（「夢には意味があるのか？」を参照）。

ベルガーやシカゴのグループの研究から、重要な法則が見つかった。任意の時刻に脳がなにかをしているのか知りたいとき、私たちの主観的な経験は役に立たないということである。脳がなにかをしている、していないという判断を主観的経験にのみ委ねることは、冷蔵庫の庫内灯問題に似た問題を引き起こしかねない。冷蔵庫の庫内灯がいつついているのか調べるためにドアを開けて確認すると、いつも庫内灯がついている。だから、庫内灯はずっと、ドアが閉まっている間も、ついているのだと結論づけてしまう、それが庫内灯問題だ。当然のことながら、心は活動していないときはなにをしているんだろうと疑問に思っているまさにそのとき、私たちの心は確実に活動している。

デフォルトモードネットワーク

最近まで、覚醒時の脳が「なにもしていない」ように見えるときになにをしているかを正確にとらえることは困難をきわめた。答えが最初に見つかったのは２００２年のことだ。セントルイスにあるワシントン大学の神経学者マーカス・レイクルは、神経画像を用いて、人がなにかの課題に集中しているときに脳のどの部分がもっとも活発に活動するか研究していた。

脳の活動は予想どおり、取り組んでいる課題によって異なっていた。本を読むとき、なにかを覚えようとしているとき、なにかを聴いているとき、脳内のそれぞれの行為を担う部位が活発に活動していた。レイクルはさらに、外部から命令された思考が存在しないとき（「刺激独立思考」とよばれる）に働く回路が脳の中にあることを見いだした。このネットワークは、側頭葉（記憶に関わる）、前頭前野（意識に関わる）、帯状回（入力の統合センター）の一部を含み、自律的思考が起こっているときに活動が最大となった。レイクルが発見した神経網はデフォルトモードネットワーク（ＤＭＮ）と名づけられ、私たちの自己意識の正体なのではないかと考えられている。

ＤＭＮが活動するのは、私たちの精神活動が個人的回想や、自分が登場する空想物語にまつわるもののときだ（ジェイムズ・サーバーの短編小説『The Secret Life of Walter Mitty［邦題『虹をつかむ男』」』の空想に耽る主人公の名をとり、「ウォルター・ミティ現象」ともよばれる)。神経科学者はDMNが内省の進化に重要だったのではないかと考えている。さらに、DMNは共感の基礎となり、誰かの立場に立って考えるときにも活動する(「共感や利他主義はどう生まれたか?」を参照)。しかし、注目の対象が自身の内なる世界から外界へと移ると、この活動は低下していく。つまり、私たちの脳には二つの相補的なネットワークがある。一つ目は注意ネットワークとよばれ、外界に集中することが要求される課題をこなすときに活動する。二つ目がDMNで、脳がマインドワンダリングや自伝的記憶、将来の想像、他人の視点から世界を見ようとするときなど、内面に焦点を当てたプロセスに関わっているときに活動する。

発生学的に見ると、小学校低学年(7~9歳)では、将来DMNを形成する領域はまだ未発達である。それからの数年間でこれらの領域は統合され、より滑らかでまとまりのある相互に接続したネットワークへと成長していく。この変化のタイミングは、子供が情報の中でも特定の経験に関する記憶(エピソード記憶)を符号化および想起できるようになるころと一致する。DMNが成熟するおかげで、子供は内省したり、彼ら自身、すなわち過去や未来への自己投影に関する自伝的自己を「メンタライジング」したりできるようになっていく。

時系列的にいうと、DMNの成熟は子どものころ、自らの行動の責任は自らが負うのだと気づくのに並行して起こる。この気づきが起こるのが7〜9歳の間で、DMNが成熟した機能へと進歩しはじめるころとだいたい一致する。おおよそ5歳ごろまでに、意識の最初の兆しが見えはじめる。思春期になると、DMNは成人レベルの機能にかなり近づく。意識とDMNは一緒に発達していくことから、科学者はDMNが意識の土台となる重要なネットワークなのではないかと考えている。

意識の夜明けに関する描写で私がもっとも気に入っているのは、ミュリエル・バルベリの『優雅なハリネズミ』という小説の中の一節だ。小説の冒頭、アパルトマンの管理人で独学者のルネが、5歳のときに学校に初めていった日のことを回想するシーンがある。担任の教師が彼女のことを名前でよんだとき、ルネは意識というものを生まれて初めて経験し、その本質を直感的に理解したのだ。

この世に生まれた瞬間に意識が覚醒すると考えるのは間違いです。……ルネと名付けられた少女が、生まれてから五年間、……自分自身も世界もまったく認識しないまま生きてきたということからも、この性急な理論の矛盾がわかります。意識が生じるには、名前が必要なのです。

（早川書房『優雅なハリネズミ』ミュリエル・バルベリ著・河村真紀子訳）

DMNが機能しはじめることで、子どもの中に意識が生まれてくるのだ（「意識があるとはどういうことか？」を参照）。DMNが意識と関連しているという考えは、脳に損傷を負って植物状態となっている、意識の徴候を示さない患者にDMNを見いだせないことからも支持される。一方、意識はあるが体は麻痺していて目以外を動かすことができない閉じ込め症候群（「心は、体なしに存在できるだろうか？」を参照）の患者では、DMNは正常に機能している。

マインドワンダリング

マインドワンダリングが発見されて以来、神経科学者はヒトにおけるマインドワンダリングの意義を考え続けてきた。有力な説がいくつかある。マインドワンダリングは自然な形でのメンタルタイムトラベルを可能にし、そのおかげでヒトは自身の過去、現在、そして予見される未来を作りあげることができているのではないかという説が一つ。そうではなく、注意を複数の対象に分割し、一度に複数のタスクをこなせるという心の能力の単なる副産物であるという説がもう一つ。

マインドワンダリングの在り方は人によって異なるうえ、白昼夢やマインドワンダリングの経験など一度もないと断言する人も世の中には存在する。しかし、どれほど頻繁にマインドワンダリングしていようとも、なにかに集中するよう求められたり、周囲になにか注意を引く物の存在を見つけたりすると、マインドワンダリングは霧散する。急ぎの仕事や専門性の高い要求を前にして私たちが仕事に「屈する」のに合わせてＤＭＮも鳴りを潜める。しかし、そのような外部からの力がなくなると、また私たちのＤＭＮは活動を始め、心の中は「なにもしていない」状態になって、マインドワンダリングが再開するのだ。

覚醒している間はいつも、マインドワンダリングと焦点的注意が静かな勢力争いを繰り広げている。注目したいものに対する集中力を高めれば、よりわずかな差異に気づくことができるようになるだろう。美術品の鑑定人は、絵画を見るときには強く集中し、ごくわずかなヒントも見逃さず、それがカラヴァッジオによる本物か、はたまた贋作なのかを鑑定する。

しかし、なにかに集中しようとどれほど強く努力したとしても、退屈に感じたり、エンゲージメントが欠如していたりすると心はさまよいはじめてしまう。行動学的研究から、人が今目の前にある問題から離れてマインドワンダリングしている時間は、覚醒している時間の半分にもおよぶということが示されている。このようなとき、私たちは二つのことを同時に考えようとしているわけではなく、単に心が漂いさまよっているのである。

こうして注意が漂ってしまうおかげで、私たちの精神力はきわめて大きな変動を見せる。メンタルの強さは人によって違うものだが、それは、マインドワンダリングを見張って抑制できる能力だととらえることができる。しかも、マインドワンダリングや日常的にどれほど気が散りやすいかは、脳の中に散らばるわずか数個の人為的に決められたニューロンの活動の変動を測定するだけで検出可能だ。

マインドワンダリングにもっとも関わっているのは左頭頂葉の灰白質の大きな部位である。科学者はこの領域の正常な機能を実験的に失わせるというやり方でこの部分の重要性を明らかにした。経頭蓋磁気刺激法という技術を用いてこの領域を刺激してみると、刺激されている間とその直後、被験者はより気が散りやすく、マインドワンダリングしやすくなったのだ。この研究結果を応用するならば、ある人の左頭頂葉の容積を測定すれば、その人がどれくらい気が散りやすいかや、マインドワンダリングしやすいかの指標になるのではないかと考えられる。

マインドワンダリングの認知的および神経学的側面に関しては多くが知られるようになっているものの、科学者は最近まで、DMN活性化の感情面でのメリットやデメリットを見いだせずにいた。その理由の一つには、人々にある瞬間になにを感じていたかリアルタイムに報告してもらい、その情報を集積することが困難だったことがある。さらに、人々が常に考えていたことを率直に教えてくれるとは限らない。特にそれを明らかにすることでその人が恥をかいたり、羞恥を覚えたりする性質のものである場合はなおさらだ。

しかし、この問題を解決するため、ハーバード大学の研究者らが2010年に25万件のデータベースが収められたiPhoneのアプリを開発した。83カ国に住む5000名の成人のうち2250名がランダムに選ばれ、起きている時間帯のさまざまなときに三つの質問をされた。

一つは幸福度に関する質問(「あなたは今どんな気分ですか?」)に0(とても悪い)から10(すばらしい)までの点数をつけるもの、二つ目は行動に関する質問(「あなたは今なにをしていますか?」)、三つ目はマインドワンダリングに関する質問(「あなたは今、していることとは違うことについて考えていましたか?」)に、「いいえ」「はい、楽しいことを考えていました」「はい、楽しくも不愉快でもない中立的なことを考えていました」「はい、不愉快なことを考えていました」の4つの選択肢の中から答えるというものだ。

データ解析から、二つの重要な知見が得られた。まず、人の心は、そのときになにをしているかによらず、頻繁にマインドワンダリングするということ。被験者のうち46・9％がマインドワンダリングをしていた。つぎに、人はマインドワンダリングしていないときに比べて、しているときのほうがより幸福ではないと報告した。これは、マインドワンダリングしているときに考えている内容とは関係がなかった。マインドワンダリングでは楽しい事柄について考えていた人（42・5％）のほうが中立的な事柄（31％）や不愉快な事柄（26・5％）について考えていた人よりも多かったが、マインドワンダリングしている人自身は、目の前のことに集中していたときより別の楽しいことを考えていたときにより幸福感を感じたわけではなかった。

当然ながら、この発見は新たな疑問を生む。一体、どっちが先なのか？　マインドワンダリングは現状の不幸さから生じるのか？　それとも、マインドワンダリングは不幸の結果ではなくむしろ原因なのだろうか？　これらの問いに答えるため、研究者はデータの時間差解析を試みた。その結果、マインドワンダリングは不幸の結果ではなく、原因となっていることがわかった。

著者らはこう結論づけた。「ヒトの心というのはマインドワンダリングするもので、マインドワンダリングする心は不幸である。マインドワンダリングは、今起こっているわけではない事柄について考える能力や感情コストと引き換えに得られた認知機能の一つなのだ」。

この結論は、少々不可思議だと思う向きもあるかもしれないが、以下のように考えてみてほしい。もし、自分が今やっていることのみに完全に没頭できる人がいたら、その人は賢者やグルたちがこれまで数世紀にわたり唱えてきた、「今この瞬間を生きなさい」、つまり、今あなたがしていることにすべての注意を向けられる自制心をもちなさい、という教えを実践できていることになる。しかし、この金言は世界中で人々が直面している、もっとも基本的な事実を無視している。多くの人が、その環境や状況（貧困、病、個人的な問題、家族の問題など）によって、今この瞬間だけに根ざしていては幸せになることがきわめて困難な暮らしを送っているということだ。そのような人たちにとっては、マインドワンダリングできることが、よりよい世界を心に思い描き、その世界を現実にするために足を踏み出すことの助けになるはずだ。

落書きとマインドワンダリング

オックスフォード英語辞典によれば、落書き（doodle）とは「考えごとをしているときの、目的のないいたずら書き」のことを指す。落書きの頻度を明らかにした例はないが、『大統領の落書き』を著したデイビッド・グリーンバーグによれば、初代から44代目の大統領のうち少なくとも26名は落書きをしていたというのだから、落書きをすることはさして珍しくないようである。

1998年の研究で、ロンドンのイブニング・スタンダード紙が実施したコンテストに寄せられた9000件以上の落書きを評価したところ、落書きは無為、退屈、期待、迷いといった状態のときに描かれていた。落書きをしているときの人の脳はスイッチが切られているわけではなく、課題解決のための新たなアイデアを思いついたり、絵画や小説やデザインの独創的な着想を得たりと、ときに高度にクリエイティブな活動をしているのだ。

落書きが創造性をもたらすのか退屈の一時しのぎにすぎないのかはさておき、そのときの脳の活動はDMNで見られるものと共通している。落書きはDMNの活性化と同様に、白昼夢を見ているときやマインドワンダリングをしているときにもっとも頻繁に見られる。落書き以外の、「上の空」でするような反復行動もDMNの活性化因子となりやすい。

アメリカ大統領でいえば、ロナルド・レーガンは薪割りをしていたし、ジミー・カーターやジョージ・W・ブッシュはほとんど毎日ジョギングをしていて、定期的にマラソン大会にも出場するほどだった。

「いま・ここ」を生きる

加齢にともない、多くの精神機能、特に集中力、情報処理力、ワーキングメモリは衰えていく。DMNの活動も弱まることが知られていて、これが年をとると創造性やマインドワンダリングが低下する所以かもしれない。DMNの活性はアルツハイマー病で特に低下し、DMNを構成するすべての部位で変性の指標である老人斑が見られるようになる。老人斑による脳の破壊の影響が大きければ大きいほど、白昼夢やマインドワンダリングの頻度は低下する。

多くの場合、これは表面上の付き合いしかない観察者には明確ではない。それというのも、アルツハイマー病患者が黙り込んだり引きこもったりしているときは、沈思黙考しているように見えるからだ。しかし、これはアルツハイマー病患者の性質を表面的に観察して無口だとか沈黙を守っていると誤解しているだけである。アルツハイマー病患者に今なにを考えていますか?と尋ねてみれば、うつろな目でじっと見返されるだろう。脳の中で、意味のある認知プロセスは一切起こっていないのだ。

マインドワンダリングとＤＭＮの活性が、脳機能に正の影響も負の影響も与えることは確実であろう。過去の経験について考え、それを現在の状況とつなげることで、私たちは前向きな態度で将来に備えることができる。そういった意味では、ＤＭＮは人生に創造性やイノベーションをもたらす回路だ。また、不愉快な経験を癒やす解毒剤としても働くし、「いま・ここ」が耐えがたいほどに辛いときにそこから逃げ出すことも可能にする。

しかし、ハーバード大学の研究が示唆したとおり、マインドワンダリングの度が過ぎて不幸せな心理状態に入り込まないよう用心しなければならない。よって、結論としては、私たちは心がマインドワンダリングしたがる傾向にあらがうべきなのかもしれない。賢人たちや哲学者たちが数百年にわたって説いてきたとおり、幸福とは、「いま・ここ」に完全に没頭できる人に訪れるものなのかもしれないからだ。

二つのことを同時に考えられる？

危険なマルチタスク

私は今、コンピューターの前に座ってこの文章を書いている。同時に心の奥底では、今日の午前中に歯医者に行かなければならないことにもそれとなく気づいている。決して考えていて楽しいテーマではないため、私は今のところ、このことを心の水平線にぎりぎり見える程度のところに押しやっている。だが、まるきり考えまいとしてもあまりうまくいかない。どれほど努力しても、二つのことを同時に考えることをやめられないのだ。

今日、二つのことを同時に考えることの典型例はマルチタスクであろう。もはや日々の暮らしの中で当たり前にやられていることなので、疑問に思うこともないほどだ。マルチタスクの能力は就職面接でもまず聞かれる。私たちは「同時にいくつものことをこなすことができるようになれば、時間のプレッシャーから解放される」と自分に言い聞かせている。たしかにキャパシティの限界を超えて詰め込まれるタイムスケジュールに応えるためには、これが正しい考え方のように思える。だって、一つずつこなす代わりに、何個かいっぺんにやってしまうというだけのことでしょう?

しかし残念ながら、マルチタスクで効率はあがらない。ミスが多くなり、全体として効率が下がってしまうからだ。注意の対象を切り替えるたびに、あなたの前頭葉、すなわち脳の前方にある実行機能は、新たなプロセスを活性化させなければならない。この、一つの活動から別の活動への切り替えに要する時間は最大で0・7秒、致命的なミスが起こるには十分な時間だ。

勤務先に車を走らせているときに、隙間時間を活用しようと電話をかけたり受けたりするところを想像してみよう(編注:日本では、運転中の携帯電話・スマホの使用は禁じられている)。もちろん、あなたの目は前方の道路に向けられたままだが、心はどこか別のところにある。ここでは、携帯電話を手にもっていようがハンズフリーモードでかけていようが関係なく、注意の削がれ方がもっとも重要なファクターだ。電話の内容が特に複雑な話になってきてあなたの注意が瞬間的にすべて電話に向いてしまうと、運転するほうの「プログラム」はわずかに、トラックが車線変更してあなたの前に入ってこようとしていることを見落とすくらいの間、働きを止めてしまう。

「事故」の発生にはもっと長い時間がかかることもあるが、悲劇的な末路をたどることには変わりない。たとえば、「忘れられた赤ちゃんシンドローム（Forgotten Baby Syndrome：ＦＢＳ）」では、親や保育者が赤ちゃんを車から降ろすのを忘れてしまう。

ここワシントンＤ．Ｃ．で最近あった事例では、いつもは娘を朝保育園に送り届けている母親が、その日は仕事の緊急対応のため送ることができなくなった。そこで、一度も保育園にいったことがなかった父親が、自分が子供を保育園に送ってから出勤すると申し出た。真夏の暑い日、娘を後部座席に乗せて家を出発した彼はしかし、いつもどおりの通勤経路で出勤してしまったのだ。会社に着き、駐車場のいつもの場所に車を停めた彼は、助手席に置いてあった鞄をつかむとオフィスのある建物へと急いだ。娘がまだ車中に残されていることを思い出して彼が戦慄したのは、数時間後のことだ。娘はすでに死亡しており、彼は殺人罪で起訴された。あり得ないことだと思うかもしれない。しかし、過去15年間で200人以上の子供がこの説明不可能な行動の犠牲になっているのだ。

FBSについて研究していた神経科学者ジョシュア・ハロネンによれば、脳内で習慣記憶に関わる領域（大脳基底核と扁桃）は、将来の計画や実行に関わる領域（前頭前野および海馬）の活動を抑制するという。会社に車で通勤するという単調なルーチンをこなしている間は、大脳基底核や扁桃が支配する習慣に基づく行動が計画的行動（子供を保育園に送っていく）よりも優先されてしまうのだ。

父親自身の思いや意図に反して、彼は二つのものごとを同時には考えられなかった。習慣記憶のせいで、彼は速やかに通勤するという体に染みついたパターンから抜け出ることができなかったのだ。FBSから私たちが得られる教訓は、通常のルーチンと違うことをやろうとするときには、特に慎重にならなければいけないということだ。習慣化したルーチンこそがデフォルトの状態である。特別な努力を払わなければ、あなたはいつもと同じところでいつもと同じ行動をとってしまう。

マルチタスキングは負荷が高い

運転しながら携帯電話を操作することはマルチタスクの一般的な例であるため、調査者はその評価のための実験を考案した。まず、車のダッシュボードの上に取りつけられた電話が鳴ったら反応するという実験が行われた。電話が鳴るのを聞いた瞬間、被験者はまずダッシュボードに表示される番号とあらかじめ記憶しておくように言われた番号とを頭の中で素早く比較する。その二つの番号が同じであれば、被験者はボタンを押す。ただし、その間も交通規則は守り、車の運転も完全にコントロールしなければならない。結果を見ると、すべての年代群で運転能力は低下した（最大の低下は55歳以上のグループで見られた）。

運転以外のマルチタスクにまつわるテストは、被験者が文章を聞きながら、心の中で三次元図形を二つ回転させるというものであった。脳スキャンから、脳の活動はそれらのタスクを別々にこなしていた場合よりも29％低下することが明らかとなった。この脳の活動低下は、相応の効率低下と関連していた（より時間がかかり、より多くの誤りを犯した）。

マルチタスクに関連する同様のパフォーマンスの低下は、異なる作業、たとえば数学の問題を解くことと、物の形を答えることなどを交互に行う場合にも起こった。これを測定するための実験では、一つの作業からつぎの作業へと間断なく移行した被験者のパフォーマンスは、作業と作業の間に数分の休みを入れた被験者に比べて著しく低下していた。一つの作業からつぎの作業へ移行するときには、前頭前野がまず一つ目の作業で使用した回路を「無効化」あるいは不活化し、つぎに二つ目の作業遂行に必要な回路を「有効化」することになる。

主観的な見方では、心は二つのものごとを同時に考えることができるように思える。二つの思考がミリ秒単位の違いで交互に起こるため、同時に起こっているように経験されるのだ。しかし、電気生理学的研究から、実際には、思考と思考の間を急速に行ったり来たりしているだけだということが示された。これも、「主観的経験は脳内プロセスの指標という意味ではまるで信用できない」という、よく言われる原則の一例だ（「なにもしていないとき、脳はなにをしているる?」を参照）。

ここまで見てきた事例からは、一つのシンプルな法則が導かれる。私たちの主観的な思いとは逆に、脳は一度に一つのことに集中するとき、もっとも優れたパフォーマンスを見せる。マルチタスクは非効率的な注意の移動をともなうのだ。

頻繁にマルチタスクをこなしている人は、マルチタスクがどう影響しているのかをほとんど理解していない。スタンフォード大学の研究では、「重度のマルチタスク者」と「軽度のマルチタスク者」を比較している。この2グループに、無関係な情報の中から関連のある情報を抽出するという作業をしてもらい、一つの作業からつぎの作業へ素早く移るときの反応スピードを測定することでその作業効率を比較した。たとえば、一つ目の実験では長方形がいくつか描かれた絵をわずかな間隔をあけて見てもらい、1枚目の絵と2枚目の絵で、青色の長方形は無視(フィルタリング)して赤色の長方形に変化があったかどうかを答えてもらった。このメンタルフィルタリングと認知制御のテストでは、重度のマルチタスク者が、すべての項目で軽度マルチタスク者よりも悪い結果を出した。

あなたが今度ネットサーフィンをしつつ音楽を聴きながらチャットや電話をしようと思ったときには、この研究結果のことを思い出したほうがいい。スタンフォード大の研究結果はあなたには当てはまらないって?「私は幸運な例外だ」と思っている? 大丈夫、それはあなただけではない。

スタンフォード大の研究の共著者の一人であるクリフォード・ナス氏によれば、「慢性的にマルチタスクをしている人々は、自分がマルチタスクを得意だと思い込んでいる」らしい。この誤った自信が厄介な問題を引き起こすことがある。アルコール中毒者に「君はアルコール依存症だよ」と忠告しても耳を貸さないのと同じで、重度のマルチタスク者はさまざまな認知機能の低下を露呈しながらも、自分ではなにかがおかしいことにまったく気づかない。

否認に加えて、問題の原因を他者や状況のせいにしたがるという傾向も見られる。私の患者にも、マルチタスクがもとで生じた車の対人事故の被害者や加害者が多くいる。だいたいのケースで、運転しながら携帯電話を使用していたほうが、交差点でぶつかった歩行者のせいにする。「なんの前触れもなく、彼が私の前に飛び出してきたんだ」。

歩行者はまったく違う見方をしている。「私は彼が携帯電話を使っているのを見ていました。だから、横断歩道を渡りはじめる前に、彼と目を合わせて、彼も私のことを見たことを確認したのです。私が歩道から横断歩道に踏み出すのを彼ははっきりと見ていました。それなのに彼は前進してきて、私にぶつかったのです」。

この状況では、どちらも嘘を言っているわけではない。運転者は歩行者を見ていたが、脳に記録されなかった。単純に、マルチタスクをしていたために認知するタスクを十分に素早くかつ効率よく切り替えられなかったということだ。携帯電話を使っていたのが歩行者のほうであれば、電話の内容に集中しすぎて周囲の車の流れが見えなくなるということが起きる。

情報処理のボトルネック

前頭葉にある神経網が情報処理における「主要ボトルネック」であり、私たちのマルチタスク遂行能力を大きく制限していることが、ヴァンダービルト大学の研究者らが実施したマルチタスクに関する実験から明らかとなった。脳は情報を並列処理するのではなく逐次処理している。そのため、マルチタスクは常にパフォーマンスに負の影響を与えるのだ。マルチタスクをすればするほど、人の処理能力は下がる。より気が散りやすくなり、情報を正しく取捨選択できなくなり、でたらめな仕事をするようになる。

マイクロソフト社の従業員を対象に行われた研究では、彼らが現在の仕事(プログラミングなど)とEメールやチャットへの返信との間で注意を分割してしまうと、元の知的能力を使う仕事に完全に戻るには約15分かかるということがわかった。つまり、平均して一日に50回メールをチェックし、77回チャットのやりとりをする情報系の従業員は、情報処理や知識獲得という面で大きな犠牲を払っているということだ。

このマルチタスキングによって効率が低下する(年間6500億ドルの損失と見積もられている)だけでなく、従業員が業務をこなし、新しいアイデアを生み出すために必要な集中力や注意力を損ねてしまう。深く明晰な思考、そして、思考同士のつながりを得るためには時間と焦点的注意が必要となる。これらが一つでも欠ければ、知識の質が低下する。上辺だけの会話や上辺だけの読書からは上辺だけの思考しか生まれてこない。だから、あなたが一度に二つのことをやるという芸当をこなすことに困難を覚えても、悲観することはない。あなたの脳は完璧に正常なのだから。

二重思考

私たちは時折、あるトピックに関して「二つの心」をもつ。その意味はおおむね、論理的にはある結論が導かれるが、感情的には反対の結論が導かれるということだ（「怒ったときなにが起きているのか？」を参照）。

ほかの「二つの心」の例として、意識的な心のプロセスと無意識的な心のプロセスが問題となることがある。たとえば、私は長年日記をつけているが、その利点は、あとで読み返すと私が違う年の同じ日に、そうとは知らず同じ行動や振る舞いを繰り返していることに気づけることだ。それらの日付を見ると、休日や特別な日というわけではないのだから、たとえば私が去年かおととしの同じ日に訪れた、滅多にいかないレストランに今日いこうと思う理由はどこにもない。だが、ほかの日記をつけている人たちと話してみると、このような無意識的な反復はよくあることらしい。

ときには、単純に二つの独立した心のプロセス、つまり刺激（晴れた日）と、反復する応答（海にいく）が起こった結果として説明できることもあるだろう。私たちは二つのことを同時に考えているが、そういう風には処理していないわけだ。「今日はいい天気だから、海にいこうかな」は意識的に経験されることであるが、その裏で私たちの振る舞いを決める無意識的なもう一つの思考が動いている。「今日は天気がいい。去年の同じころにサウスビーチにいったときにはよいときを過ごせた。もう一度あのビーチにいってみよう」。もし去年の旅が楽しくないものであったなら、つぎの年の同じ日にまたそのビーチにいく確率は減るのだろうか？　確実なことは言えないが、私は、海にいくかいかないかを決めるときには二つの思考が同時に働いているが、そのうち一方のことしか意識できていないのだと考えて間違いないと思っている。

無意識という概念にスポットライトを最初に当てた人物は言わずと知れたフロイトである。「フロイト的失言」といえば、人がうっかり本心を口に出してしまう失言のことを指す。もちろん、フロイト的失言のほとんどはただの言い間違いか、構文の誤りだ。しかしときには、当事者が二つのことを同時に考えていながら、どちらか一方しか認めていないということが強く示唆される場面もある。

前記以外の二重思考の例は詳らかにすることが難しい。というのも、人々はそのことを恐れたり、恥ずべきことだと思っていたりするからだ。完全に正常な人が、心の中にいる知らない誰かによる周囲のできごとや人々に関するコメントを内なる声として経験することはさほど珍しいことではない。統合失調症の患者では、この声が外界から聞こえてきたり（幻聴）、思考プロセスをコントロールして時折逆らえない命令を発する、自分の中にいる監視者による声（命令幻聴）として聞こえたりする。

精神疾患を患っていない人で見られる内なる声は、一般的に批判的なコメントの連なりで、（統合失調症患者が考えるような環境中のなにか、あるいは誰かではなく）自分自身の心から生じていると認識できるものである。このような気難しい内なる相棒を生み出してしまう原因は主に疲労やストレスだ。しかし、その原因や発生頻度がどうであれ、このような内面からの批評を経験する人にとっては、二つの思考が不協和音を生じながら同時に起こっているように感じられる。多くの場合そのコメントは皮肉っぽかったりサディスティックであったり、本人の通常の思考とは同調しないものであったりする。その異常さから、内なる声は少々煩わしく感じるものであるため、このことを認めたがらない人も多い。誰しも、精神不安定だとか、「声が聞こえる」とかいって責められたくはないものだ。

内なる声を抑えるには

逆説的だが、内なる声を鎮めようとか、二つのことを同時に考えまいと努力すればするほど制御は難しくなる。この現象は、心理学者であり精神コントロールの専門家であるダニエル・M・ウェグナーによる有名な論文のタイトルをとって「思考抑制の逆説的効果」と名づけられた。これは、特定の思考を「心から追い出そう」とすればするほど、追い出すことが困難になっていくことをいう。あなたも「シロクマのことを考えない」ようにすることで、今すぐこれを体験できる。この本を閉じてから5分間、なにを考えてもいいが、とにかくシロクマのことだけは考えないようにしてみてほしい。いかがだったかな？

この論文には、人々がシロクマのことを考えないでいられる能力をテストした実験の結果がまとめられている。「人は思考を抑制することを難しいと思うだけでなく、そうしようという試みによって、よりその思考に取りつかれてしまう」。考えまいと決心したトピックについて否応なく考えてしまうという言葉は、含蓄に富んでいる。ダイエットをしている人はお菓子のことを考えまいとするし、アルコール中毒者はお酒のことを考えまいとするし、レイプ被害者や退役軍人は、以前苦しんだトラウマのことを考えまいとするものだ。

「そのことはなるべく考えないようにしていますが、考えまいと努力すればするほど、そのことを考えずにはいられなくなってしまいます」。ニューヨーク・ヤンキースでかつてショートを守っていたポール・ズベラは1986年のシーズン開始から28打席連続ノーヒットというスランプに陥っていたとき、こう語った。

それだけでなく、ウェグナーによれば、あることについて考えないように自分自身を仕向けることにはまた別の負の側面があるという。リバウンド効果ともよばれる、追い出そうとした思考がより強くなって再度侵入してくる現象だ。シロクマ実験では、被験者の多くが、それまでの人生の中でこれほど頻繁にシロクマのことを考えたことはないというほど、シロクマのことを考えたと報告している。彼らは脳が二つのことを一度に考えることによるストレスを直に経験したのだ。

思考抑制の難しい点は、連続した意識的思考の中で現在の思考を抑制しようと思うところにある。抑制するというメタ思考(「シロクマのことは考えないようにしよう」)もあるが、思考そのもの(「シロクマ」)もそこにはある。

思考(シロクマ)とメタ思考(シロクマに関する思考を追い出したいという欲求)は共通の、しかし対立した意識として同時に存在する。意識はゆえに、矛盾に直面する。

私たちが優先したい思考の邪魔をする、いらない思考の力を弱める方法はないのだろうか? 意図的な抑制が効かないのであれば、なになら効くのだろうか? 不快な思考や方向性が異なる思考を追い出すには、単純に気を散らすことがもっとも一般的なアプローチかもしれない。シロクマについて考えないということに集中し、結果としてその方向の思考を強化するのではなく、なにか違うこと、たとえばつぎの休日のことなどを考えるのだ。

しかし、気を散らす手法は手っ取り早いが、ある時点までしか効果がないアプローチだ。侵入的想起はいずれまた忍び込んでくる。ウェグナーが考案したもう一つのアプローチは、その思考を生じさせ、受け入れ、観察し、そしてもっとも重要なのは、抑制しようとしたり、腹を立てたりしないことだ。思考を抑制することを止めれば、定義上、不要な思考をもつこともなくなるのだ。

結局、抑制をやめることが、不要な思考を追い出して一度に一つのことに集中できる状態に戻る最終手段だということである。「不快な思考を許容することで、私たちは思考の抑制が私たちに強いる圧政から逃れることができる」とはウェグナーの弁だ。「私たちはもはや心配事のことを心配する必要なく、思考を追いやろうと望まなくてよく、乗り越えることができないイメージによってダメージを受けていると感じる必要もない。こういったことに正面から向き合い、詳しく観察していけば、それらは消え去るのだ」。

つまり、私たちは二つのことを一度に考えることはできない（信じられないかもしれないが、少なくとも意識的には）。そうした試みは、極端なマルチタスキングを実行しているときのようにきわめて非効率的であったり、不要な思考が存在しているときのように苦悩に満ちたものであったりする。一度に二つ以上のことを考えようとするなら、その結末をよく考えることだ。

知識とはなにか?

私たちはなにを知っているのだろうか?
知っているということを
どうやって知ったのだろうか?

私たちは、情報時代を生きていることに誇りをもっている。インターネットやそこにあるさまざまな検索エンジンのおかげで、私たちは人類史上もっとも多くの情報に、簡単に触れることができる。ただし、情報は知識ではない。

私たちは独立した事実を学んでいくことで、それまでもっていなかった情報を得ることができるが、それだけでは知識は得られない。知識には、情報の意味を理解し、それを用いてなにかをするという文脈が必要だ。情報は知識へと続き、やがて最終的には知恵につながる。

情報－知識－知恵という連続体の最下層をなすのはファクトイド（疑似事実）とよばれる、文脈なしに語られる短い情報だ。たとえば、「背が高い人はがんになりやすい」は、ファクトイドである。その文章だけでは、興味を刺激し憶測をよぶことしかできない。

ファクトイドは文脈の中に埋め込まれて初めて真の情報となる。たとえば、「背の高い人は成長ホルモンの分泌レベルが高いことが考えられ、副作用としてがん細胞の発生が促進される可能性がある」というようなものだ。ファクトイドは、より大きな視点から見て理解を深めなければ、知識にはなれないのだ。

ほとんどの知識は言語を介する。たとえば、「16代目のアメリカ大統領は誰で、彼が成し遂げたことはなに」というように。しかし、すべての知識が言語に依存するわけではない。アスリートやミュージシャンは、まず指導や意識的な努力によって得た知識やスキルを、自律的な行為へと転換する。知識は神経系に埋め込まれ、もはや意識的な努力は必要なくなる。

たとえば、私は友人の元全米チェスチャンピオン、ルボミール・カバレクが、それぞれに並外れた実力をもつチェスプレイヤー数人と同時にチェスで対戦しながら、私の妻と料理の話をしているのを見たことがある。カバレクにそれが可能だったのは、チェスの考えを処理するスピードが速すぎて、もはや意識的な行為ではなくなっていたからだ。

スポーツ選手はこのような処理の自動化のことを「筋肉感覚」とよぶこともあるが、その基盤が専門の神経回路の形成にあって、それさえ作られればあとは意識的な努力なしに動作可能であるという意味では、より正確には「脳感覚」ということになるだろう。この回路を形成し、プロになるために必要な熟練度に達するためには、多くの実践と努力が必要となる。

直接的知識と間接的知識

ある分野、あるいはあるレベルにおける知識は、他のところでは適さないことがある。たとえば、量子物理学の知識と、日常生活における知識は区別しなければならない。数学者のG・H・ハーディはこう述べた。「椅子は渦巻く電子の集まりともいえるし、神の心の内なる観念ともいえる。いずれの説明もそれぞれにとっては意味をなしているかもしれないが、一般常識からはかけ離れていることに変わりない」。

バートランド・ラッセルも、面識による知識と記述による知識という2種類の知識について重要な区別をつけている。彼の著書『哲学入門』では、例としてジュリアス・シーザーに関する知識があげられている。

たとえばジュリアス・シーザーについてなにかを言うとき、シーザーを面識していない私たちの心の前には、明らかにシーザー自身は現れない。現れるのは、シーザーについてのなんらかの記述である。たとえば「三月十五日に暗殺された男」……したがって私たちの発言は、一見シーザーを含むことを意味しているように思えるが、実際にはそれを意味してはいない。シーザーその人ではなく、シーザーに関する、私たちが面識している個物と不変だけから構成された記述を含む物を意味しているのである。

（ちくま学芸文庫『哲学入門』バートランド・ラッセル著・高村夏輝訳）

知識とは「把握する」ものであるといわれ、所有物の一種とみなされる。心が「つかめて」いないものごとは知られていない状態であり、知識には変換できないということだ。これは、身体感覚のレベルで得られる知識とは状況が大きく異なる。感覚器では検出できないものも、私たちの代わりに検出器の役割をはたす機械（望遠鏡や顕微鏡など）のおかげで、知識の対象となりうるからだ。

心が心自身を理解しようとするときは特に興味深いことになる。心が自分自身のしくみを明らかにしようとするとき、心は知識の対象となるだけではなく、知識を仲介する働きもする。さらに、心が自分自身について調べることで得られる知識は、そのとき選択した概念的枠組みによって異なるものとなる。

たとえば、ニューロン、回路、神経伝達物質に限って論じるなら、その種の知識が得られる。記憶、想像、知性といった心の機能について論じ、それが埋め込まれている実体については関知しないという場合には、また別の種類の知識が得られる。

現代の神経科学の目標は、この2種類の知識を融合した、ある種のメタ知識を得ることだ。しかし、オックスフォード大学の哲学者ギルバート・ライルが指摘するように、この野心的な取り組みが成功するだろうという楽観的な考えは、ニューロンと心の機能は異なる階層の議論だという悲しい現実によって修正されねばなるまい。

思考と神経伝達物質の相互作用パターンとを、どうやれば同一視できるだろうか？　単に相関しているというだけだろうか？

なにか考えたり決断したりしたとき、神経科学者はあなたの脳の中のどこでその思考や決断が最初に生じたかを大まかには知ることができるかもしれない。しかし、これら二つのプロセスの間に見られる相関関係はここで終わる。

「カメレオンは他に木があると確信できるまでは元の木を去らない」というアラブの格言を、回路や分子のレベルで説明することなど不可能だ。一方の手には言葉や記号を、もう一方の手には脳の解剖学や生理学を、という二分法は、私たちが到達できる自己知識に制限をかけているように私には思える。私たちは、内省と、他者による私たちの観察のおかげで、自分自身についてかなり学ぶことができる。しかし、そのような実践的知識を神経科学の用語に翻訳することはできないかもしれない。

知識に対する障壁

信頼性の高い正しい知識がなんらかの形で脅かされるとき、既成概念や迷信、隔世遺伝という信仰、偏見など、さまざまな誤った知識が入り込む余地が生まれる。たとえば、脳内で無秩序な放電が起こっていることが発見される前は、てんかんの発作は魔女、悪魔、あるいは他の邪悪な力のせいだと思われていた。

以来長い年月が経っているが、いまだに誤った通説を修正する必要性はなくなっていない。私たちを含めたすべての世代が、知識の不備や歪みから解放されることはない。一つの世代の知識は、他の世代の笑い話や伝説になりうる。ラルフ・ワルド・エマーソンは、「ある時代の宗教は、つぎの時代の文学エンターテイメントになる」と言った。

知識は通常、自由と自律性の増大につながるが、強い偏見や既成概念をもっていると、知識を疑うことになりかねない。その理由の一つは、知識と信条がいつも明確に区別できるわけではないことだ。知識は、信条を超えるものなのだろうか？

「私たちは、私たちが知っているということをどのようにして知ることができるのだろうか？」という問いは、心理学・神経科学的というより哲学的な問いというべきだろう。単なる信条と知識を区別するのは、長年の課題となっている。たとえば、２０１１年にアメリカ国立科学財団（ＮＳＦ）の理事会である国立科学審議会は、20年間使われてきた一般市民の科学リテラシーを測定する正誤問題のうちの二つを変更した。元の問題は、「ヒトは、今日私たちが知るところでは、より原始的な動物から発達してきた」と「宇宙は巨大な爆発から始まった」というものだった。改訂後はそれぞれ、「進化論によれば、ヒトは……」、そして「天文学者によれば、宇宙は……」という風に始まるようになった。この変更の目的は、知識と信条を明確に区別することだ。言い回しの変更を支持した審議会メンバーは、「知識と信条は同じではない」と主張した。

また、どれほど詳しく信頼性の高い知識であっても、ヒトの行動を変えるには十分ではないことにも注意が必要だ。喫煙ががんを引き起こすことや、飽和脂肪酸を多く摂取する食生活が心臓発作のリスクをあげることや、ほとんど体を動かさない生活スタイルが人生の後半に山ほど健康問題をもたらすことを知らない人などいないだろう。それでも、地球上でもっとも教養があり、高度な科学技術を誇るはずの社会を構成する人々のうち、悲しくなるほど多くが、タバコを吸い続け、酒を飲みすぎ、脂肪をたっぷりと摂取し、ほとんど、あるいはまったく運動しない。

技術と知識の関係

技術は、私たちが情報を得る方法を変えることで、私たちと知識の関係を変えはじめている。

今まで、あるテーマに関する情報を集めようとしたとき、不便な情報源（図書館の蔵書や書物など）にあたらなければならないことがままあった。ところが今や、iPadで好みの検索エンジンにアクセスすれば、数秒で情報を得ることができる。

しかし、この利便性にはそれなりの代償があった。検索エンジンの登場以来、私たちはものごとの記憶法を再構成しつつある。どういうことかというと、私たちはおそらく、他の情報源から得た情報に比べて、オンラインで得た情報を忘れやすくなったのだ。

「必要なときにネットで検索することで得られる情報を、どうして覚えないといけないの？」と脳が考えて行動しているようなものだ。ハーバード大学で実施された、人々の情報習慣の変化に関する研究によれば、私たちは情報そのものではなく、情報を保存したコンピューターファイル名のほうをよく記憶しているという。グーグルなどの検索エンジンは、今や個人の記憶バンクとしても機能しており、私たち自身が特定の情報を記憶して思い出すことを不要にしている。いわゆる、グーグル効果だ。

インターネットは膨大な量の知識を提供するだけでなく、それをさまざまな方法で組織化している。今やインターネットは脳の性能を強化すると同時に効率を低下させる人工装具ともいえる。個々が消費しうる知識量を増やすことによって脳を強化すると同時に、脳の内部資源（記憶など）ではなく外部資源への依存度を高めることで効率を低下させているというわけだ。

インターネットは、どれだけの量の情報を提供しているのだろうか？　脳は、どれだけの量の情報を処理可能なのだろうか？　どちらの質問に答える場合も、口語的に使う情報という語と、情報理論で定義される情報という語の違いをはっきりとさせなければならない。情報理論における情報とは、処理、保存、もしくは転送されたデータとして定義される。これは、日常使う、口語的用法の、研究や実験、教育の結果得られる事実という意味の「情報」とはまったく違うものだ。

この違いをわかりやすく示すために、机に置いてある鉢植えのランを撮影した2分間のストリーミングビデオを見ているところを想像してほしい。動画の中では、単にそこにランがあるというだけで、なにも起こらない。

ここで、地球温暖化問題について相反する主張をもつ二人の専門家による30分間のラジオ討論を聴いている場合と、先ほどの経験を比較してみてほしい。どちらがより多くの情報を含んでいただろうか？　それは、あなたが情報をどう定義するかによる。ふだん使われる口語的用法の情報という観点でいえば、地球温暖化に関する議論からより多くの情報を得たことだろう。

しかし、ランの動画のほうがよりたくさんのバイト数の情報の転送を必要とする。つまり、情報理論における定義に照らすと、ランの動画のほうが情報量は多かったということになる。

私たちは情報があふれる社会に住んでいるが、その中から知識に変換できるものはほんの一部である。私たちの注意、記憶、判断、認知行動を刺激する情報のみが知識に変換される。

格言について考えてみよう。格言は複雑な認知を必要とし、神経科学者はそれを、知識、抽象化、知恵を中心とした高次の認知処理の指標として用いる。たとえば、「神経症とは、秘密にしていることを自分も知らない秘密だ」（ケネス・タイナン）。この短い文章は、知識と蓄積した知恵を伝えるために、単純な情報を抽象化しているものである。

現在、インターネットは、情報を知識に変換するうえで最大の障害となっている。電子メディアは知識を得るうえで必要なゆっくりとしたプロセスに適していないのだ。「インターネットは情報を提供してくれるが、知識や意義は提供しない。事実のみでは真の理解は得られない。真の理解に必要なのは文脈と熟考だ」と説くのは社会評論家で作家のウィニフレッド・ギャラガーだ。このような状況では、情報の重要性が反転する。どうでもいい情報が重要な情報を凌ぐ存在になってしまうのだ。

南カリフォルニア大学アネンバーグノーマンリアセンターのシニアフェローであるニール・ゲイブラーは、「取るに足らない情報が重要な情報を押しのける」と主張する。「私たちは情報ナルシシストになってしまっている」とゲイブラーは言う。「将来予想されるのは、もっともっと多くの情報だ。エベレストのようにそびえたつ情報の山だ」。このような状態は知識の蓄積にとっては不利に働くし、ましてや知識から生まれる知恵の形成など望むべくもない。

知識を得るのに適した環境とは

知識を得る能力は、時間と状況によって変化する。騒がしく混沌とした環境の中で本を読んでいるときに、気を散らさずに本に集中することは困難である。

ほかにも、まだ決着はついていないが影響を与えると考えられている環境要因がある。モンティセロ訪問中に私は、トーマス・ジェファーソンが知識の獲得に日周変動が影響を与えると信じていたことを知った。ジェファーソンは人の精神活動を異なる「機能」に分類できると主張したフランシス・ベーコンの、「記憶」「理性」「想像」という精神の区分にそれぞれ歴史、哲学、芸術という知識が対応するという説を信じていた。彼は、知識は一体として存在するかもしれないが、心の異なる区分（「機能」）で理解されるもので、これらの機能の効率は日周変動の影響を受けると考えたのだ。「一日の中のさまざまな時間帯で、精神の活力は大きく変動する。それゆえ、もっとも適した時間帯を、その日もっとも重要な仕事の整理に使うべきである。」さらに、彼は昼夜の決められた時間帯に特定の分野の書物を読むことをすすめた。ジェファーソンが推奨したスケジュールは以下のとおりである。

朝8時まで：物理学、倫理、宗教、自然の法則
8時から正午まで：法律
正午から13時まで：政治
午後：歴史
日没後、就寝時まで：純文学、批評、修辞学、雄弁術

知恵の前駆体としての知識

人生を通して十分に知識を集めることができたなら、学んだ事柄を知恵へと変換できる幸運に恵まれるかもしれない。知恵とは、知識を一段深めたものであって、変換には自らが蓄積してきた人生経験への省察が不可欠だ。すべての人が知識を知恵に変換できるわけではない。イ

ギリスの小説家ジョン・クーパー・ポウイスはこう書いた。

私たちが60歳になったときに、人生がいかに逆説や矛盾に満ちていて、私たちがとるあらゆる行動の中に善と悪が絶妙に混在していて、私たちの真理の女神がどれほど頼りないかを学べていなかったとしたら、ろくに成長をせずに年をとってしまったということだ。

ベルリンにあるマックスプランク研究所の研究員だった故ポール・バルテスは、知恵を「人間の条件に関する知識の一形態であって、それがどう蓄積していくものなのか、なにに影響を受けて変化していくのか、人が困難にぶつかったときにどう対処していくか、年老いてから振り返ったときに意味のある人生だったと思えるような生き方をどう形作っていくかなどに関するもの」と定義した。知恵をもつとされる基準には、人生に関する事実的知識と手続き的知識（ある状況下でどういう行動をとるか、どう取り組むか）、できごとの意味を評価できること、ものごとを文脈の中に置き、いま・ここ型アプローチではなく長い目で見通す力、そしてあらゆる複雑な状況にあいまいさや不確定性が内在していると受容できること、などが含まれる。

うまくいけば、私たちが人生を通して集めた情報は、やがて、より大きな、より意味のあるなにか、すなわち知識（実践的および理論的）へと変換される。そして、私たちが本当に幸運であれば、いずれは先ほど述べた連続体のもっとも遠い端、知恵へ変換されるところにも到達できるだろう。

「いま・ここ」から抜け出すには？

過去と未来の処理

私たちの脳は、まだ発生していないこと、遠い昔に起こったできごと、そして起こり得ないことについて想像することができる。この、直覚を超えた現実を想像できる能力は、私たちの知る限り、私たちにのみ備わっているものである。

動物も、自身の行動の短期的な結末を予測するように訓練できる（飴とムチ）が、ヒトだけが、今日の活動あるいは不活動がその後の人生にどう影響するかまで思い描くことができる。この、「いま・ここ」から抜け出してタイムトラベルするために必須な能力は、想像力だ。

目指す将来を描いた手の込んだ映像となることもあれば、満足のいかない現在から希望する将来へどうすれば到達できるかを示す「先見の明」となることもある。「いま」よりも希望に満ちた未来を想像できない人は、無気力や抑うつ状態になりやすく、自滅的な行動に走りがちだ。同じことは、社会についてもいえる。明るい未来は、退屈や皮肉、悲観論といった闇への解毒剤として機能する。つまり、想像力を使って「いま・ここ」から抜け出すことは、個人や集団を解放することでもある。ただし、思考や努力をともなわない想像は、単なる夢に終わることになるだろう。

タイムトラベルする心

メンタルタイムトラベルとは、過去や未来に自分を投影するプロセスだ。その過程で、過去の記憶の断片と、未来についての新しいシナリオとをつなぎ合わせる脳の部分が使われる。これは、エピソード記憶の流動性があるからこそ可能なことである。

なにかを思い出し、それについて考えるたびに、私たちは新しい、前とはわずかに違う記憶を作り出し、将来の想起やさらなる改訂に備えて保管している。つまり、私たちの過去は、毎回まったく同じ音と映像の連なりが見られるDVDのような存在ではない。

記憶を他人と共有するとき、他人からの質問やコメントは、そのできごとについての私たちの記憶に変化をもたらす。この記憶の脆弱性は、目撃者の証言に対する反論の一つとなるほどである。目撃者の記憶そのものが、反対尋問の最中に改変されていくからだ。たとえば、「トラックは赤信号を無視したのですか?」と質問するだけで、目撃者がもともともっていた、信号ではなく「一旦停止」の標識があった交差点の記憶が変わってしまうこともある。

人間だけが、なにかが起こっていなかったならば現在や未来はどういう結果になりうるのか、と想像することができる。事実と反対のできごとを想像する能力は、すべての生物種の中でヒトに固有のものだ(「ヒトの脳はどこが特別なのか?」を参照)。

類人猿などの霊長類は、程度は不明にせよ自身を想像の未来の中に投影することができるかもしれない。しかし、たとえば、他のコロニーに生まれ育っていたらどういう生活だっただろうか、などと想像することは、彼らには不可能だ。ところが私たちは、四六時中この種の想像的思考を行っている。

私たちにとって、未来についての思考は、計画や意思決定などさまざまな適応的機能をもたらすものである。将来について私たちが想像したものは、固有の感情価をもつ。正の感情価をもつイメージのほうが、負の感情価をもつイメージより、頻繁かつ鮮やかに生じる（自分の死のことを想像して時間を過ごす人がほとんどいないのはこういう理由だ）。

メンタルタイムトラベルには自伝的記憶（過去に自身に起こったできごとの想起）が使われることが多いが、私たちはまた、他の道を歩んだ場合の自分自身についても心に思い描くことができる。これは、いわば自己改善プログラムが提示する金言のようなものであり、私たちがなりたい自分になることを容易にしてくれるだろう。「いま・ここ」からの脱却は、ときに劇的な変化をもたらすことがある。たとえば、私の男性患者は30代のころに自分が女性だと考えはじめたのだが、これはメンタルタイムトラベルで長年想像していた新たな性との調和をはかるための性転換手術へと続く前奏となった。

想像で作りあげたシナリオでタイムトラベルする能力は人によって異なる。遠いところに目標を設定し、それを達成するまではどれほど困難で長い年月がかかろうとも、そこにいたる道を決して外れないでいられる人もいる。対照的に、あたかも「いま・ここ」に閉じ込められているかのように、当面の状況を超えた先にいる自分を想像しなければ達成できない目標を心の中に維持できない人もいる。

脳と「いま・ここ」

最近の脳研究から、「いま・ここ」から抜け出す能力を決定する脳の領域は前頭葉の中の内側前頭前野（ｍＰＦＣ）だということが明らかになっている。人は、ものごとを「長い目」で見ることによって、即時的だが少ない報酬をもらうよりも、時間的な遅延がある大きな報酬をもらうことを選択できる。ただし、そのためには、この領域が正常に機能していることが不可欠である。

当面の状況のみに基づいて判断を下す性格特性のことを、心理学者は「時間割引率が高い」という。内側前頭前野がまだ成熟していない幼児は、時間割引率がきわめて高い。彼らは即時的に得られる報酬がどれほど貧弱であっても、遅延された大きな報酬を待つことはせず、そちらを選ぶ。子供が成長し前頭前野の機能が活性化するにつれ、時間割引率は低下していく。しかし、残念ながら、この法則に従わない例外は多く（衝動行動など）、カジノやレース場などのビジネスを支えている。

内側前頭前野は時間割引率を下げる働きをもつとともに、もう一つ人類に固有な能力をもたらしている。将来のシナリオを鮮やかに想像する能力だ。この二つの機能はともに動作し、たがいを支え合う。つまり、将来の報酬がより明確に想定できる場合、時間割引することなく大きな報酬を待つことができるのだ。

この領域の重要性は、内側前頭前野に損傷や疾患をもつ患者を対象とした研究によって初めて示された。正常な内側前頭前野の機能が障害されると、「いま・ここ」に固くつながれた、即時的な行動をとるようになる。前頭葉に障害をもつ人は、時間知覚が短縮されることにより、「手の中の一羽の鳥は、藪の中の二羽と同じ価値がある」という格言で端的に表される世界観に基づく選択をする。

将来の選択肢に関する見通しが、内側前頭前野にこれほど大きく依存していることは単なる偶然ではない。高密度の神経繊維の一つひとつに存在する樹状突起（他のニューロンと接続する接点）の多さから、この領域は脳内の他の領域からの情報を統合するのにもっとも適している。特に重要なのは、脳内の他の領域から内側前頭前野に伝えられるインパルス（あるいは情報）だ。

これは、情動や、感情を喚起する自律神経の活動状態（脈拍数、呼吸のパターン、無意識的に知覚される内臓からの出力）の情報となっている。

神経学者アントニオ・ダマシオは、このような情報の影響の総体を、将来の報酬をもとに現在の衝動を抑えることの「正しさ」について人がもつ基本的な感情であるとして「ソマティックマーカー」と名づけた。つまり、前頭前野に見られる顕微鏡レベルでの構造と連係のパターンが、「いま・ここ」から抜け出す私たちの能力の基礎となっているということだ。

ワーキングメモリの役割

「いま・ここ」から抜け出すには、正しい決断と、自分は「いま」どこにいて、将来はどうなりたいかという明確なビジョンを維持する力が求められる。この意味で、過去・現在・未来は一つの経験の連続体を形成する。「いま・ここ」から抜け出すためには過去を再訪し、未来を思い描くことが必要となるため、この経験の連続体に沿った旅をするときには、記憶術を磨くことが役立つ。

神経科学者が遅延反応テストとよぶ課題をサルに与えた実験から、前頭前野に短期ワーキングメモリが局在することが見いだされた。神経科学者らは、スクリーン上で光が点滅した位置をサルが見て心に留め（遅延期間）、うながされると再びその位置を示せることを発見したのである。

情報を「オンライン」に保つ能力を調べるためのより高度な課題では、サルに新しい対象物（青い円盤など）を見せ、その下にピーナッツという報酬があることを教える。つぎに、スクリーンが下りてサルの視界を数秒〜数分にわたり遮る。この遅延期間中に、青い円盤の横に赤い円盤など新しい対象物を置く。そして、報酬のピーナッツを青い円盤ではなく赤い円盤の下に隠す。スクリーンがあがったあと、サルがピーナッツを得るためには、先ほど見た青い円盤ではなく、新たに出現した赤い円盤の下を見ることを学ばなければならない。

色のついた対象物の組み合わせは毎回変わるので、サルがピーナッツの隠されている新しい対象物を見分けるためには、スクリーンが下りる前に見ていた対象物を記憶しておかなければならない。サルがワーキングメモリに先ほど見た対象物を保持しておけなければ、報酬のピーナッツが隠されている新しい対象物がどちらなのかがわからなくなってしまうというわけだ。最初にこのワーキングメモリの実験を行った研究者らは、遅延期間中に外側前頭前野の神経細胞が活動することを発見した。

脳のどの部位が短期ワーキングメモリに関与するかは特定された（前頭前野と頭頂葉の一部）。長期ワーキングメモリの場所については、いまだあいまいな部分もあるが、同じく前頭葉を含んでいるようだ。神経科学者ドナルド・スタスは「現在のできごととそこから予測される結果、あるいは目標のイメージとそれにつながる行為」を仲介するプロセスを「展望記憶（未来記憶）」とよんでいる。

前頭葉が可能にするメンタルタイムトラベルのおかげで、長期ワーキングメモリが可能になるのだ。私たちは年をとったあとの自分や若いころの自分、今よりも金持ちの自分や貧しい自分、そして、「いま」と似た状況あるいは異なる状況に暮らす自分を想像することができる。私たちは長期ワーキングメモリを用いてこのような巧妙な心のトリックを行っている。

ワーキングメモリは、精神のジャグリングと称されることもある。さまざまな数のボールを同時に空中に投げあげるジャグリングの技のように、ワーキングメモリも、同時に複数のものごとを心に留めるものである。通常、ワーキングメモリというと短い期間（たとえば、会話の途中で一瞬注意がそれたあとに、なにを話していたか思い出すなど）機能するものだが、長期ワーキングメモリでは、二つ以上のシナリオを心の中に長期間保つ必要がある。

脳の最高経営責任者

ワーキングメモリは、神経科学者が実行制御とよぶ機能（実行機能ともいわれる）の構成部品の一つにすぎない。大規模な多国籍企業の最高経営責任者（Chief Executive Officer: CEO）を思い浮かべてみてほしい。CEOは、会社の生産性を最大化するために企業活動を最高レベルで調整する。

成功するCEOに求められる素質として、新しいアイデアを試す情熱、困難な課題に対して衝動的に反応せず、慎重に検討してから対応する姿勢などがあげられる。しかし、もっとも重要なのは、注意を散らす存在が目の前に現れても集中を切らさない力である。これらすべての資質は、努力と訓練によって開発、強化することができる。成功にとって特に必要な資質は、創造性、柔軟性、自制心、自己規律の4つだ。

脳の最高経営責任者として機能する前頭葉は、行動の計画を立て、結果を予測するために、脳の他のあらゆる領域を監督し、相互作用する。すべての脳の反応を開始させたり抑制したりし、過去と現在の経験を将来の期待とリンクさせる。すなわち、前頭葉は可能と現実、過去と未来、個と普遍を調和させることで意味や目的を構築するのである。

たとえば、ハムレットは、墓地でヨリックのどくろを眺めながら、彼のことを思い出し、「のべつ幕なしに気の利いた冗談を飛ばす男だった」と回想する。ハムレットは、死ぬ前のヨリックがどのような見た目で、どのように振る舞っていたかを想起し、「いま」目の前にある頭蓋骨とその記憶を調和させるという、もっとも高度な抽象化にワーキングメモリを利用している。

彼は、現在にいながら過去を想起し、(こう推察することは理に適っていると思うが)おそらく彼自身の将来も予見し、そうすることで死という普遍的原理の包括的なビジョンを作りあげたのだ。

前頭葉機能の障害で特徴的なのは、「いま・ここ」から抜け出すことがまったくできなくなる点である。前頭葉機能に障害をもつ人は、「いま」に囚われ、現在の状況以外のシチュエーションに自分自身を置いて想像することができない。これは、前頭葉機能障害で頻発する、判断を誤るという症状を部分的に説明できるだろう。

この、いわゆる遂行機能障害症候群の典型的な症例としては、エリオットという仮名で神経科学の文献に表れる患者が有名だ。エリオットは、同僚からの信頼も厚く、責任感があると評判の会計士で、幸せな結婚生活を送っていた。しかし30代後半で発症した前頭葉の腫瘍を手術したあと、彼の性格は明らかに悪い方向に変わりはじめた。手術後のエリオットは衝動的になり、気まぐれに左右されやすくなってしまった。彼は妻と離婚し、別の女性とすぐに再婚し、また離婚した。彼は無神経で軽率な発言を繰り返し、多くの友人を遠ざけた。以前は洞察力のあるビジネスマンだったが、無謀なベンチャー企業に投資し、金をすべて失い、最後には破産してしまった。

エリオットの人生に見られた負のスパイラルは、以前の彼が「いま・ここ」から抜け出ることを可能にしていた前頭葉の実行制御機能が、手術のあとにすべて失われたことを表している。ものごとを計画する能力が破壊されてしまったため、彼はもはや「いま」よりも先を見通すことができなくなっていた。

似たような障害がサイコパス、しかも非常に賢く、人生のある一時期成功を収めていたような人にも見られることがある。「いま・ここ」から抜け出して自分の行動の最終的な結果を想像することができない彼らは、正常に機能する前頭葉をもつ者であれば本能的にすぐばれるとわかるはずの詐欺などの犯罪に進んで手を染める。サイコパスは、「いま」を超えたところに自身を投影し想像することがまったくできないというわけではない。むしろ、前頭葉の機能が制限されるおかげで、自身が見たいと望む結果のみが見えるように、心の地平線が固定されてしまっているのだ。

バランスが必要

「いま・ここ」から抜け出す能力は、人生を効果的に管理するために不可欠である一方で、苦痛をともなう結果をもたらすことがある。あなたには、強迫性障害に苦しむ（私はここであえて苦しむという単語を選んだ）知り合いがいたことはあるだろうか？　もしあるならば、あなたは「いま・ここ」の外側にメンタルタイムトラベルする能力の負の側面を個人的に観察したことになる。

強迫が、起こり得ない恐ろしいできごとについて思いを巡らせてしまうのだ。強迫性障害に侵された人の思考パターンでは、いくつかのレパートリーからなる代わり映えしない否定的なシナリオが、心の中で何度も何度も再生される。似たような症状はうつ病でも認められる。心理療法士が使う「破滅化」という言葉は、もっとも暗く、もっとも絶望的な状況の未来にいる自分を不必要に（そして多くの場合、不正確に）想像する傾向をうまく表している。

幸い、「いま・ここ」から過度に離れたところに自身を置いてしまう問題については、修正法が存在する。仏教の流れをくむ東洋の思想家は、「いま」を生きよ、と説く。これは、「いま」に生きることとはまったく異なる。サイコパスは現在の限られた地平線の中に生きているが、禅の瞑想者は「いま」見られる景色と聞こえる音に集中したり、その代替法として、自身の呼吸に一点集中したりする。

宗教を顧みることなくして、「いま・ここ」から抜け出すことの正と負の側面を検討することはできない。世界中で、人類が「いま・ここ」を超えるときの基本の乗り物が宗教であることは疑いようもない。信教を支える基盤のようなものが存在するのかという疑問はさておき（これは私の主張に付随する非常に重要な問いなので、ぜひ尋ねてみたいのだが）、宗教はおそらく、メンタルタイムトラベルにもっとも普遍的なインスピレーションを与えるものだろう。

信者は現在の苦難の先まで心を拡張することを奨励され、おそらく厳格で毅然とした神や女神の前で、将来の責任について考えるよう求められる。このような俗世とはかけ離れた目標に到達するには、たしかに私たちがこの章で論じたもの（前頭葉、ワーキングメモリ、メンタルタイムトラベルなど）を総動員することが必要だ。

ここでの重要な問いは、もちろんこうだ。

「私たちが『いま・ここ』から抜け出すための手段として宗教を利用するならば、私たちは実際どこに足を踏み入れようとしているのだろうか？　それは、『いま』住んでいる世界よりもよい世界なのか、それとも、想像が作り出すまやかしなのだろうか？」

共感や利他主義はどう生まれたか？

他人の中に自分を見る能力

私たちが誰かに共感するというとき、私たちは心の中で自分自身と相手の間に感情的なつながりを作りあげる。なんらかの方法でその人にならない限り、本当にその人に共感することはできない。これは、単なる同情を超えたものである。

同情している人は、誰かが置かれている状況について心配したり悲しんだりするが、その人との感情的な距離は遠いままだ。共感するためには、「その人の靴を履いて歩く」ことを（比喩表現のとおりに）想像する必要がある。他の人と共感するためには、自身の人生の中で似たような経験をしている必要はない（あればなおよいが）。その人の経験が私たちにとって完全に異質なものであったとしても、想像によって共感することが可能だ。

共感を測定するために実施された実験がある。不規則に手に痛みをともなう電気ショックを与える（ように被験者に見えているというだけで、実際に電気ショックは与えられていない）機械につながれた男性を被験者に見せるというものだ。

被験者を二群に分け、一群には男性の反応をただ見て観察するよう指示した。もう一群には、男性がどのように感じていて、自分が同じ状況に置かれたらどのように感じるかを想像するよう指示した。すると、意図的に想像させられた被験者群では、自己報告と生理反応の測定結果（手のひらの発汗や血管の収縮）いずれにおいても、より大きな共感反応が見られたのだ。被験者の誰一人として、個人的に同様の状況を経験したことはなかったにもかかわらず、彼らが想像したシナリオが共感反応をもたらすには十分だったというわけだ。

共感とは、照明の輝度をさまざまに変えられる（オン／オフスイッチとは対照的な）、調光スイッチのように働くものととらえることができる。共感反応の強さは、同一性の程度によって異なる。同一性が強い場合（自分たちと似たような見た目の人や、年齢、人種、宗派などの点で自らと重ね合わせやすい人）、完全な共感が生まれる。しかし、同一性が弱い場合（爆弾を作製する途中で誤って自爆したテロリストなど）には、共感は弱いか、まったく生じない。

また、共感する能力もすべての人に等しく備わっているわけではない。世の中には、共感しやすい人としにくい人がいるらしい。なぜだろうか？

その質問に答えることを目的とした実験として、女性にｆＭＲＩの中に入ってもらい、横に恋人に座ってもらうというものがある。機械の中に横たわる女性には、コンピューターの画面で恋人の手と彼女自身の手が電極につながっているところが見えるようになっていた。そして、定期的にその電極からどちらか一方の手にやや痛みをともなうショックが与えられる（こちらの電気ショックは本物だった。この実験はほとんど倫理の限界を超えていたように思う）。

ｆＭＲＩの内に置かれたコンピューターの画面には、つぎにショックが与えられる手はどちらなのかと、その強さがどれくらいなのかを女性に伝えるメッセージが現れる。女性自身がショックを受けたとき、脳内の二つの部位、体性感覚野（手を司る部位）と、痛みに関する情動経験を処理する領域が発火した。

しかし、彼女が（コンピューター画面で予告されたとおりに）恋人の手にショックが与えられるところを見ているときの脳の反応は、劇的に異なっていた。彼女の体性感覚野は静かなままだった（彼女は物理的ショックを経験していなかったので）が、情動中枢は激しく活動していたのだ。他に16組のカップルがこの気味の悪い実験に参加し、同様の結果となった（「愛とはいったいなんなのだ？」を参照）。

興味深いことは、情動反応の強さが、共感性を測定する標準アンケートの結果と相関していたことだ。アンケートのスコアが高い女性ほど、情動中枢がより強く活動していたことが観察されたのだ。

これらの実験結果は、私たちが日々目の当たりにする現実と一致する。認めたいか認めたくないかはさておき、共感反応という点では、たとえそれがもっとも近しい人の苦しみに対するものであっても、私たちはそれぞれに情動の限界をもっている。

たとえば、長年の私の観察によれば、夫婦間の調和や不和は、二人の共感力が「合っているか」によって決まるように思う。一人が過度に共感的である場合、もう一人が感情的に抑圧されているとか、息が詰まるとか、囚われているなどと感じる可能性がある。一方、一人の共感力が貧しい場合、もう一人は愛されていないとか、拒絶されていると感じる。磁石と同じで、共感はちょうどいい距離を保たなければならない。二つの磁石の距離が近すぎれば、くっついて一つになってしまう。遠すぎれば、その間に引力が生じない。この磁石が目指すところは――恋人同士の感情のバランスと同じで――ちょうどいい強さの引力を維持することだ。強すぎても、弱すぎてもいけない。

共感の神経科学

共感は、脳内の二つの独立した経路で処理される。一つ目は情動経験に重要な皮質下にあるネットワークである。この経路は情動を処理するためのものであり、共感を起こさせる人に出会うとすぐに反射的に機能する。二つ目の皮質経路は、共感の対象となる人の窮状の認知的評価をともなうため、反応するのに時間がかかる。つまり皮質経路は思索家、皮質下経路は情動体験者なのだ。

共感と利他行動の神経学的基盤は、脳内の下右頭頂葉、前帯状回、島皮質、視床などを含み、脳全域に広く分布している。これらすべての領域は、観察しているだけのときよりも意図的に想像力を働かせているときに活性化する。完全に発達した共感は、共感する相手と自分とを想像の上で重ね合わせることから生じるため、この配置は理に適ったものだ。

乳児も共感する

共感の重要性を示すように、私たちは母親あるいは保護者の顔に反応する能力をもってこの世に生まれ出る。乳児は、視界に入るあらゆる物の中から、人間の顔（普通は母親の顔だが、誰の顔でもかまわない）を優先して見つめる。これと同時に、顔に表出する情動に対する感受性も発達する。乳児研究者はさかのぼること40年以上も前に、このことを遊び部屋実験で示している。

ある実験では、生後3カ月の乳児は、母親が（実験者の要求により）固い表情で座ったままなにも反応を示さなくなると、激しく混乱した。たとえば、赤ちゃんが母親を見て微笑んだときに母親が微笑み返さないと、赤ちゃんは困ったように目をそらした。

もう一つの実験では、1歳児の母親が嬉しそうな顔をしていると、子どもは見知らぬ人に渡されたおもちゃに近づいていき、それで遊びはじめた。しかし、母親が懸念するような表情（眉をひそめ、目を細める）を浮かべていると、子どもはおもちゃに近づこうとしなかった。

乳児はまた、声についても似たような感受性をもつ。１９８０年代に行われた実験では、母親が怒り、恐怖、喜びを表すトーンの声で8カ月の我が子に話しかけた。赤ちゃんは、母親の声になにか不吉なことが起こりそうな響きを感じると、おもちゃに向かってはいはいするのを止めた。しかし、このためらいは反転可能なもので、母親が楽しそうな声で話しかけると、赤ちゃんはおもちゃに向かってはいはいを再開し、それをつかんだ。

この乳児を対象とする実験は、哲学者デイヴィッド・ヒュームの著書『人間本性論』での主張を裏づけるものだ。ヒュームは、「他人の要求の傾きや気持ちが、どれほど自分自身のものと異なっていたり、反対の場合であったりしても、それらを受け取るという傾向」である「性向」あるいは「共感」を、ほとんどの人間が生まれながらにもつと訴えた。彼は、私たちの心が他人の感情や気持ちを反映する鏡だと考えていたのだ。

情動の知覚と生成

あとからわかったことであるが、模倣は、共感に一役買っている。笑みを浮かべている顔を見ると、私たちにはそういう自覚がなくとも、私たち自身の顔でも同じ筋肉が活動する。そのため、私たちは笑おうかなという気分になり、微笑み返すことになる。なぜだろうか？

情動を知覚することで、関連する筋肉だけでなく、その情動を生成する、脳内の同じ回路も活性化する。したがって、自分に向けられた微笑みを相手に返すとき、私たちは同じような幸福感を経験している。

ただし、ときと場合によっては、このプロセスが不適切となる。たとえば、見知らぬ人がいやらしい、または挑発的な笑顔を向けてくるようなときだ。私たちはそれによって高揚感を経験することはなく、一瞬困惑し、怒りを覚えることすらある。だから、私たちは笑い返すことはない。友人に対しても、自分がそれほど楽しくないことを表明するために、わざと笑い返さないこともあるだろう。

共感はしばしば模倣の要素を含む。私たちは生まれつき、接触する人の真似をする傾向がある。しかもこの模倣は、故意で行うには早すぎるタイミングで生じる。20年ほど前のエビデンスから、人は相手の動き、姿勢、表情、声を自動的に模倣し、同調できることが知られている。

これらは稲妻のような速さで起きるうえに、一瞬でこれらすべての要素が同調するのだ。たとえば、ある実験では、大学生らが21ミリ秒以内に動きを同調させた。電光石火の反応速度を誇るモハメド・アリが、その絶頂期、光の合図に気づくのに190ミリ秒、そして、そこからパンチを繰り出すのに40ミリ秒を要したことを考えれば、大学生たちの反応がどれほど速いかがわかるだろう。

情動伝染

私たちは、ときに、共感したいとは望まないような他人の情動に触れることがある。私たちが他人のことをよい、あるいは悪い「雰囲気」の人、などと言うとき、それは、彼らが表出する情動や、その情動を受け取る私たちに生じる自律的な反応のことを表している。しかし、時折、私たちがどんなに努力しようとも、他人の情動と、私たちの共感反応が強く共鳴してしまうことがある。

たとえば、浮かない顔の人と同じ部屋に座っているだけでも、ネガティブな気分を「受け取る」十分な刺激となることがある。その情動の影響から身を守りたいと思っているにもかかわらず、どうしてもそれに共感してしまい、囚われてしまったと感じることがある。心理学者は、このプロセスを「情動伝染」とよぶ。医師である私はいつも、他人の負の感情（恐怖、怒り、欲求不満、悲しみなど）に触れることで情動伝染の危機にさらされている。

多くの医師、特に神経科や精神科を専門とする医師では、接する情動のほとんどがネガティブなものだ。自分がどれほどよい気分かとか、自分の人生がどれほどうまくいっているかについて話しにくる患者はいない。患者と医師の間でやりとりされる通貨は、問題、痛み、落ち込んだ気分である。この負の思考の山が、患者と相対する医師に特に困難もたらす。医師が共感的すぎて、患者の痛みや沈んだ気持ちすべてを個人的に強く経験してしまうようだと、それに圧倒されてしまい、結果として患者を助けることができなくなる。しかし一方で、医師が自己防衛のために患者との間に情動を跳ね返す壁を作ってしまえば、患者は当然ながら、その医師が冷たく、感情が届かない人間だと思うだろう。

しかし、医師でなくとも、情動伝染の根底にある相反する力を経験することがある。私たちの身の回りにも、いつも陰鬱で皮肉っぽく、すべてのものごとがいかに絶望的かを詳しく述べて回るような、要するにできることなら一緒にいたくないような人がいるだろう。そのような人々と頻繁に、または長い間関わっていると、私たちもやがて彼らの負の雰囲気を取り込み、呼応するようになってしまう。私たちは、負の雰囲気を避けるために、そういう雰囲気を醸し出す人を避けなければならない。

情動伝染は、脳内の皮質および皮質下にある神経経路の不均衡により起こる。皮質ルートは、共感する本人と、共感の対象となる人を明確に区別するが、皮質下経路はこの区別が得意ではないのだ。皮質経路のおかげで精神の柔軟性が維持され、情動伝染を避けることができる。自分自身と、私の共感を喚起する人とをしっかり区別しながら、共感を体験することができるのだ。

しかし、誰もが情動伝染（他人の感情に飲み込まれる）と、共感が一切生じないほどに相手と自分を切り離した状態との間で最適なバランスをうまく維持できるわけではない。一般的に、これを一番上手にやれるのは、自分の感情や情動行動の喚起をうまくコントロールできる人だ。最適なレベルの喚起と、自己／他者の間に明確な一線を引ける能力には、下頭頂領域および前頭前野の領域が関わる。これらの領域はどちらも成熟するのに時間がかかる。これが、子供が共感反応をもちにくい原因の一つだ。

情動伝染について論ずるに当たり、これまであまり語られてこなかった側面を紹介しよう。共感にはダークサイドがある。

通常、共感というと肯定的なイメージをもつことが多いが、実は、共感はマイナスの結果をもたらしたり、害を与える目的で使われたりすることすらある。「共感とは、他人の心や感情の中に入り込むことだ。ひとたびその情報を得られれば、それをよい目的にも悪い目的にも使いうる」と20年以上も前に私との会話の中で言ったのは、精神分析学者の故ハインツ・コフートだ。コフートは、尋問者として成功するために必要な共感について言及している。

その後、私はコフートが正しかったことを知った。以下は、セキュリティ会社の尋問者が彼の手法を説明したものだ。「怒鳴るべきとき、声を荒らげるべきとき、静かな声で話すべきとき、そして必要であれば何時間でも口をつぐみ、相手を見据えてただじっと座っているべきとき。こういった正しいタイミングを直感的に知らなければならない。これらは、本能的なものだ」。

共感と利他主義

共感と利他主義は、自然なパートナーである。他者のニーズを予測してそれを満たすためには、他者の感情を識別し、ラベルづけする能力が不可欠だ。もちろん、利他主義は常に共感から生じるわけではない。博愛主義者の動機が自分本位な思惑ということだってある。たとえば、同じ社交界にいる他の連中よりも自分のほうがずっと多くを与えることができると皆に知らしめたい、といったことだ。これは、利他的な反応かもしれないが、共感反応とみなすことはできまい。

19世紀の裕福な貴族がモデルとなっているある物語は、他者の苦しみではなく自分自身の苦しみという感覚に反応したために起こる共感の失敗例を示している。ある日、貴族は彼の家の玄関にやってくる乞食を追い払うように使用人に命じた。金持ちなのだから不幸せな人たちに恵んでやるのは簡単なのに、どうして乞食を追い返せと命じるのか、と問われると、貴族はこう応じた。「私は、彼らの惨めさを目の当たりにするという苦痛を我慢できないのだ」。

自分の感情を制御することに難しさを覚える人は、この貴族のように考える可能性が高い。彼らは、共感し、利他的に振る舞うことを感情的な負担が大きすぎると感じるのだ。そして、貴族と同様、彼らの最終目標は、自身の苦痛を緩和するという利己的なものである。

このような反応は珍しいことではない。友人が最近仕事をクビになったとくどくどと話すのを聞くと、あなたは自分が今の仕事を失ったらどう感じるだろうか、などと考えはじめるかもしれない。友人の話が続くうち、やがてあなたは自分の中の苦痛が頭をもたげるのを感じるだろう。それをきっかけとして、あなたは他者中心から自己中心に変わる。個人的な苦痛を感じるあまり、あなたは友人を慰めることに対する関心を失い、早く会話を終わらせる口実を探しはじめることになる。それがかなわない場合、あなたは腹立たしく感じ、苛立ちをあらわにしてしまうこともあるかもしれない。つまり、先ほどの貴族と同様、もっとも共感的ではない対応をしてしまうのだ。

あなたもこのような経験をしたことがある、あるいは人ごととは思えない場合でも、落胆することはない。あなただけではないのだから。人によっては、共感の芽生えが個人的な苦痛をもたらすことがある。そのような人は、自分が同じ状況に置かれたときにどのように感じるかを嫌というほど想像してしまうのだ。息苦しさと身動きがとれない感じを覚えて彼らは逃げ場を探すが、逃げることができないとわかると、苛立ちや怒りが込みあげてくる。

共感は、自分と相手とを過剰に重ね合わせてしまわないよう、適度な心の距離を維持することでバランスをとらなければならない。利他主義は、共感する対象と自分を同化させるのではなく、重ね合わせることから生じるのだ。

共感や利他主義のはじまり

近年、共感や利他主義などの社会的行動は、進化という文脈で多く語られるようになってきている。イリノイ大学シカゴ校のスティーブン・ポージスは、共感と利他主義を進化的視点から理解するもっとも優れた主張をしている。

彼の考えの中心にある概念は、ニューロセプション（neuroception）である。これは、現在置かれている状況や周りにいる人々は安全か、危険か、生命を脅かすものかなどを神経回路が識別する方法であり、無意識下で行われる。特定の人物や状況に意識的に不快感を覚えるより前に、私たちの体はすでになんらかの対策、あるいは回避手順を開始しているというのだ。私たちは、できるだけ脅威から遠ざかり、脅威がない人や場所に近づこうとする。

古い寓話がこのことを教えてくれる。何世紀も前、教師が生徒に「我々は怒っているときにはなぜ大声で叫ぶのか」と尋ねた。しかし、答えられる生徒が誰もいなかったため、彼はこう続けた。

二人がたがいに怒っている場合は、たがいの心が遠いところにあるということであるから、その距離を届かせるために彼らはたがいに大声で叫ばなければならない。しかし、二人が恋に落ちているとき、彼らの心は近く寄り添っているのだから叫ぶ必要はなく、静かに語らえばよい。もっとたがいを愛しソウルメイトになると、二人はたがいを見るだけで理解できるようになるから、ささやく必要すらない。

共感や利他主義の発達に重要なのは、自律神経系（ＡＮＳ）という、脳と体のそのほかの部分の間でメッセージをやりとりする双方向の通信システムだ。ポージスによれば、哺乳類が爬虫類の祖先と共進化した際、社会コミュニケーションのために特定の解剖学的構造が発達したという。その構造とは、脳神経（脳に感覚インパルスを伝え、脳から運動インパルスを伝える、脳から生じる12対の末梢神経）、顔に表情をもたらし聴覚によるコミュニケーションを可能にする顔の神経や筋肉、そして、生物と無生物の世界を監視して反応するＡＮＳの二つの枝、すなわち副交感神経と交感神経だ。

私たちの祖先が古代の茂みの中にライオンを見つけたときには、ＡＮＳの交感神経のほうが「闘争・逃走反応」を活性化させ、立ち向かうか急いで撤退するかのどちらかの行動をとったはずだ。それから数時間後、私たちの祖先が星の下で休んでいたときには、ＡＮＳの副交感神経が先ほど仲間とともに行動することを可能にした交感神経系を抑制し、なだめ、落ち着かせていたはずだ。

しかし、他者との聴覚によるコミュニケーションについては、ヒトの声の周波数の音を検出する能力が進化しない限りは不可能だ。この、ヒトの声を聞くという新たな能力獲得にともない、顔の筋肉や神経の調節による発話の能力も発達した。そのような変化が起きたおかげで、母親は子供たちのSOSを聞き、反応できるようになった。また、表情や声のイントネーションの相互理解から、自分の感情を表現し、他個体の感情がわかるようになった。

したがって、共感の基盤をなすのは、私たちの顔に表情を与える筋肉、声のイントネーション、視線の方向や私たちの頭部のジェスチャーの意味などだ。これらすべては、顔と頭部の筋肉を制御する神経につながる、皮質からの神経経路が可能にしている。この能力は十分に発達したものであるから、生後すぐの赤ちゃんであっても母親の笑顔に応えて笑い、それによって最初のか細い共感の絆を確立することができる。

顔や頭の筋肉の動きのおかげで、人生を通じて社会的距離が減少したときに共感が生じる。共感は、アイコンタクトができたり、声に魅力的な抑揚やリズムがあったり、周囲の音の中からヒトの声をもっともよく区別できるよう中耳の筋肉が調節されることで、さらに発展する。これとは反対の行動、つまり、まぶたが下がり（アイコンタクトが失われる）、声が抑揚を失い、魅力的な顔の表情が消え、声の抑揚に注意を向けなくなることで共感は妨げられる。

要約すると、共感や利他主義（同じ種の他個体と相互援助を行うこと）の始まりは、進化の副産物だったと言っていいだろう。それだけでなく、共感と利他主義は心の正常な発達と生存に不可欠なものだ。それらがなければ、私たちは他者の内部状態に応じて自分の内部状態を変える手段を奪われ、孤独に存在するしかなくなる。

愛とはいったいなんなのだ？

中毒？　純粋なるセックス？
進化の必須条件？　それとも美しい関係？

愛の力は、磁気の吸引力と比較される。ウィリアム・ジェームズは「ロミオは、砂鉄が磁石を求めるように、ジュリエットを求める」と書いた。「間に障害物がなければ、彼は彼女に向かって一直線に突き進む」。

ジェームズは、愛がもたらす強い引力には抗うことができないと示唆しているかのようだ（「自由意思は幻か？」を参照）。とはいえ、状況が変われば愛の衝動は無関心へと変わる。「しかし、ロミオとジュリエットの間に壁を建てたなら、彼らは顔を両側から壁に押し当て続けるような愚かな真似はしない」。砂鉄を衝立で仕切ったときのようにはならないのだ。

フロイトによれば、磁気吸引力に相当するのは性的衝動の力だ。「愛という言葉の意味の核は元来、……交合を目的とする性愛である」。フロイトの還元主義は、人間の愛を、神が自身の創造物に向ける愛になぞらえる神学者の見方とはかけ離れたものとする。聖ヨハネによる福音書には、他人を愛するということは、神と人間との合一に参加することだとある。「愛する者たち、たがいに愛し合いましょう。愛は神から出るもので、愛する者は皆、神から生まれ、神を知っているからです。……愛にとどまる人は、神の内にとどまり、神もその人の内にとどまってくださいます」。

愛を完全に理解するには、フロイトと聖ヨハネの中間の立場をとることが必要なようである。たしかに、愛はさまざまな形をとる。『戦争と平和』のアンドリュー王子とナターシャの愛、『失われた時を求めて』のスワンとオデット、オセロとデズデモーナ、ダンテとベアトリーチェ、

『ヴェニスに死す』のアッシェンバッハとベネチアの少年（訳注：実際にはベネチアを訪れていたポーランド人の少年）など。

愛について確実にいえることは、それが多くを要求する感情だということだろう。プルーストは「愛に心の平和はありえない」と綴る。「人がそれから得られるのは、さらなる欲望の始まりでしかないからだ」。プルーストが傑作『失われた時を求めて』の中で述べているとおり、愛は切望や欲望をともなうもので、恋人は相手を所有したいと望み、拒絶された愛は憎しみへと変わることがある。

もちろん、誰もが愛を経験するというわけではない。自己陶酔的な性質が強い人々は、愛することなどできないか、一過的な強い情熱、依存要求、低い自尊心を高めたいという願望などと愛が混ざり合ってしまう。しかし、ほとんどすべての人が、人生のある時点で愛を経験することを求める。

私たちの言語には、この欲求を表す台詞や問いがあふれている。「愛し失恋しても、まったく愛さなかったよりもずっとよい」「愚かに愛するより、愛さないほうが賢いのか？」

一つ確実なのは、愛の経験を、愛した経験がない人に説明することはきわめて難しいということだ。愛は考えるのではなく感じるものだ。

恋に落ちたことのある人は、それが人生の中でもっとも大きな喜びの一つだったと評する。世界がそれまでよりも幸せな場所に思えて、人付き合いもうまくいき、楽しい期待で心が弾む毎日。私たちは恋しているとき、すべての関心とエネルギーを相手に集中させる。彼、または彼女のことばかりを常に考えて、いつもの日課がおろそかになる。

しかし、恋に落ちることには欠点もある。まず、判断が歪められてしまう。愛する人のよいところだけが目について、その人の（他人にはすぐわかるような）明らかな欠点を無視してしまう。そして、自分の気持ちをコントロールする力を過大評価し、自分が相手にどれだけ深く心酔しているかを過小評価する。同時に私たちの中で、情動の情勢に変化が起こる。食欲が低下し、思慕の念や性欲が増加する。気分は高揚しているが、同時にささいなことをきっかけとして感情が激変することが多くなる。吹雪や強い雨といった天候の変化すら、私たちを意気消沈させる。天気が悪くなると、私たちの心を独占する存在に会える可能性が減るからだ。

恋愛中毒

最近の神経科学の知見から、情熱的な愛は執着の一種というだけでなく、中毒に該当する性質を多く有していることが明らかとなった。ある研究では、自分たちのことを「狂ったように、深く、情熱的に恋している」と表現したカップルにfMRI装置に入ってもらった。被験者に恋人の顔写真を見せたときの脳の活動を記録してみると、コカインやヘロインに反応するときと似たような反応が見られたのだ。また、強迫性障害に悩む人々の脳の活動とも類似性が確認された。

これは、破局するときに感じる痛みや感情的な苦悩を説明する一助となるかもしれない。通常、恋愛関係を終わらせたいと求めるのはカップルのうちどちらか一人である。結果として生じる感情的な苦痛のため、振られる側は鬱病を発症する確率が40%高い。彼/彼女は関係を修復するためにもう一度チャンスをくれと頼んだりすがったり、執拗にメールを送ったり、泣いたり、酒に溺れたり、あるいはドラッグに走ったり(恋愛経験で活動していた脳の回路が一時的にでも活性化するため)するかもしれない。歓迎されないのに前の恋人の家や職場に現れ、よりを戻してくれと頼み込んだり懇願したりするかもしれない。怒りをあらわにしたり、報われることはないのに愛を公言したりすることもある。この強迫的な——今や病的であることが明白な——執着はときに、かつての最愛の人に向けられる破壊的行為へとつながることがある。この間、だんだんと不合理さが増していく独占欲を満たそうとする行為はすべて、「愛情表現」として正当化されている。

幸いにも、振られた恋人すべてがこのような行為に走るわけではない。彼／彼女が一歩引いて、関係を見つめ直し、前の恋人のあまり好ましくない性質や行動を再確認できれば、ここまで動揺した反応を示すことはないだろう。さらに距離をとることで、拒絶された側も完全に吹っ切れて、新しい恋愛関係を築くことが可能になる。

美の魅力

「美は見る人の目で決まる」とはいえ、美の基準については文化をまたいでいくつかの合意が存在する。

たとえば、男性に「美しい女性」の定義にもっとも重要な資質を含むイメージをコンピューターで作成してもらうと、顔の鼻から下が短い、口が小さい、ふっくらした唇をもつといった、いくつかの特徴が浮かびあがる。このような男性が考える女性の美の基準は、女性が考える男性の美の基準と正反対だ。女性は男性の大きい（長く広い）顎骨、広い下顎、高い頬骨、くっきりとした眉弓、鼻から下が長く、鼻が高いといった特徴を魅力的だととらえる。

さまざまな年代の男女を対象にしたｆＭＲＩを用いた研究から、一般的に魅力的とされる顔を見るときには、魅力的でないとされる顔を見るときよりも内側眼窩前頭皮質（罰刺激ではなく報酬刺激を仲介する）が活性化することが明らかとなった。

魅力的な顔に対する好みは乳児にも存在する。魅力的な女性と、あまり魅力的でない女性を映したスライドを見せると、赤ちゃんは魅力的な女性のほうをより長く見つめる。魅力的な人に関する同様の好みは、見知らぬ人がプロの作ったマスクをつけるという少々奇妙な実験でも実証されている。乳児は魅力的な顔のマスクをかぶった人が相手をするときに満足げで、身を引くことが少なく、よりはしゃいでいるように見えた。乳児はまた、魅力のない人形より魅力的な人形でより長時間遊ぶことも知られている。

美しさに対する私たちの総合的な情熱が、私たちの行動を形作る。私たちは魅力的な子供や大人を、魅力的ではない者より優遇して判断したり対応したりする。魅力的だと感じた相手に文句を言ったり非難したりすることはあまりない。そして、私たちが美のスペクトラム上の魅力的ではない側の端にいる人に対して否定的な評価をしてしまうこともまた真である。たとえそれが知り合いで、よいところもよくわかっているような人であってもだ。まるで、わかっているのに身体的な魅力の影響を振り払うことができないかのようである。

また、「Psychological Bulletin という学術誌に10年前に発表された「美の神話あるいは格言」という論文によれば、魅力的な子供や大人は、魅力的ではない比較対照者らに比べてより友好的で、より前向きな行動や性格を示す傾向があるという。

特定の情動的、社会的資質をもつ男性は、女性にとってより魅力的に映る。配偶者選択に関わる性差について、37の文化圏で1万人の参加者を対象に調べたD・M・バスの研究によれば、財産、権力、富が大きな役割をはたすという。研究では、女性は男性よりも財産に大きな価値を見いだした。

この結果を皮肉っぽい男尊女卑だと思ってはいけない。バスは女性が富を重要視する理由を、女性の子孫に男性が提供できる資源の指標となるからだとしている。そして、資源をコントロールする力は通常、地位と直接的につながっていることから、女性が社会的地位の高い男性を魅力的だと考えることは驚くに当たらない。

私自身、バスの物議を醸す知見を知ったとき、彼の結論を不穏なものだと思った。21世紀の第一四半期に生きる私たちは、バスが発見し、１９８９年に報告したような男女間のきっぱりとした違いをあまり心地よく思わない。１９８９年から現在までの間に、男性と女性の関係性は大きく変化した。さらに、バスが進化という視点からこの論文を書いていたということも重要だ。バスの論文のタイトルは「人間の配偶者選択における性差：37文化圏で検証した進化仮説」である。

そのため、私がこれから男性、女性の好みに重要であると言及する事柄に関しては、それが西洋文化の進化的発生に重要な役割をはたしたものであっても、現代人の行動に与える影響はごくごく限られたものであるということを覚えておいてほしい。たとえば、配偶者を選ぶときに、数人の候補者の中から遺伝的に一番有利なのは誰かとじっくり考える人はほとんどいないだろう。

それでも進化理論家は、私たちがこのような選択を四六時中、無意識のうちに行っていると主張する。したがって、ある種の肉体的、または精神的資質をパートナーに求める女性（あるいは男性）は、生存、成功の確率を高める有利な遺伝的形質を無意識のうちに選択していることになる。

配偶者に対する好みには男女共通のものもある。両側性の部位（耳、手、腕、足）に関して、左右対称であることが魅力となる。というのも、（また進化の話になるが）左右対称であることは、子宮内で正常に発生し、出生時に外傷がなく、栄養状態がよく、疾患がないことを反映しているからだ。

非対称であることは、遺伝子異常か環境の異常によって正常な発生が妨げられたことを示唆する。そして、これまでに紹介した他の進化条件と同じく、このプロセスも意識の外で働く。おそらく読者の多くは、将来の配偶者となる人の耳や手や足の左右対称性を意図的に比較した記憶などないだろう。それでも、統計学的には、このような比較が無意識下で行われていることが示唆されているのだ。

事実、左右対称な男性はおしなべて、生涯のパートナーがいると報告する割合が高い。これはおそらく、対称性が高い男性を女性がより魅力的だと評価するためであろう。

配偶者選択を進化論によって説明することのもう一つの弱点は、私たちが人生のさまざまなステージで異なる選択肢をとることが予想される点だ。若いころには、夢中になれる恋、情熱的な愛、あるいはセックスを重視するかもしれない。年を重ねるにつれ、自分のキャリアを積み、貯金し、子育てをするためにより安定した関係を求めるようになるかもしれない。さらにそのステージを過ぎると、一緒にいられることや知的関心を共有できることを最重要視するようになる。

「急いで結婚し、ゆっくり後悔せよ」という格言は、一時の情熱的な愛が徐々に収まるにつれ、自分のキャリアアップや、子供をともに養育するとき、あるいは知的、感情的に満足できる連れ合いという観点において、自分のパートナーにいたらない点があると気づきはじめることを意味する。つまり、ライフステージが変わると配偶者選択に影響を与える要因が変わるというだけでなく、これらの要因が短期的関係を築く場合と長期的関係を築く場合で必ずしも同じ重要性をもつわけではないのだ。

愛の神経科学

神経学的レベルでは、愛は、脳と神経系において識別可能な変化を示す。「愛：哺乳類の自律神経系の創発特性」という有名な論文の中で、進化心理学者スティーブン・ポージス（前章でも紹介した）は、自律神経系（ANS、内臓神経系とも）の変化が、愛を構成する二つの要素の出現につながったことを示唆している。一つ目は欲求要素で、求愛や誘惑的な行動を司る。二つ目は完了要素で、情熱的な性行動や安定したペア、すなわちカップルの成立に関連する。

求愛と誘惑は大脳皮質内で始まる。大脳皮質は、ある人を他の人よりも魅力的だと判定する美の基準の認識部位なのだ。大脳皮質での判断はきわめて主観的でありながら、前述のとおり、ある種の好ましい物理的特性に反応する。

大脳皮質から出る神経経路は顔の表情や発声を制御し、将来の配偶者に対して、自分がパートナーを募集中であることを伝える。この恋愛が成立する最初の段階では、顔と言葉によるコミュニケーションが主要な役割をはたす。巧みに使いこなせば、顔と声のシグナルによって二人は体を寄せ合い、くつろいだ状態でたがいと楽しくやりとりできるようになる。

しかし、最初のアプローチが強引すぎるとか、なんらかの理由で受け入れがたいと思われてしまうと、アイコンタクトは失われ、二人はたがいから遠ざかり、ともに行動することをやめるような動きが見られるようになる。つまり、物理的距離は感情的距離を反映している。

信頼と安心感は、あらゆる恋愛関係の中心にある。二人のうち一人が不安や脅威を感じると、ＡＮＳ（交感神経と副交感神経）の働きに不均衡が生じるからだ。ＡＮＳの二つの要素は制御権を勝ち取るための勝者総取りの争いをしていると見なすことができる。人は、恐怖とくつろぎを同時に経験することはできない。私たちは、恐怖心を与える人とは距離を置き、気持ちが安らぐ相手とは距離を縮めようとする。

ポージスの説が正しいのであれば――私個人はこの説で多くを説明できると思うが――誰しもが人生の中で聞いたことのある「愛の公理」のいくつかは、勘違いであるようだ。

たとえば、「正反対の人に惹かれる」というカップルもいるが、実際には、違いが争いや敵意を生み、極端なケースでは闘争の果てに逃走（離婚）にいたるほうが多いと考えられる。言い換えると、カップルは共通点が多いほど、たがいに安心でき、高め合える、理解し合える存在だと考える可能性が高い。この状態を維持するには、副交感神経が主導権を握っている必要がある。それによって心拍が正常に保たれ、心の平穏がもたらされるのだ。

愛は脳に神経解剖学的に符号化されるだけではなく、化学的にも符号化される。オキシトシンというホルモンが特に重要である。オキシトシンは心を落ち着かせるホルモンで、母と子の愛着や、恋愛相手との愛着の確立に重要である。

「信頼ホルモン」とよばれることもあるオキシトシンは、社会化を促進させる強力な刺激となる。動物の扁桃体にオキシトシンを注射すると、一カ所に寄り集まり、たがいと頻繁に接触するようになる。ヒトでは、社会的協力関係を確立するのにオキシトシンが役立つ。また、このホルモンがヒトにおいて社会的近接性や接触と関わることから、多くの神経科学者は、神経科学的にはオキシトシンが惚れ薬の最有力候補だと考えている。

セックスについて

愛について話すとき、私たちはセックスについても話さずにはいられない。実際私たちは、セックスという意味で「愛」という単語を使ったりする。たとえば、複数のセックスパートナーがいる人のことをたくさんの「愛人」がいると表現したりする。こうした概念と言語の混乱から、神経科学が愛情関係よりも性的関係について多くの知見をもたらしてきたことは驚くに値しない。

たとえば、まるでポルノ映画のようなある一連の実験では、自慰行為をする女性のｆＭＲＩイメージングを実施した。驚くほどのことではないが、脳内の広大な領域が帯状に活性化していて、特に前頭前野（ＰＦＣ）と前帯状回の活動が見られた。自己刺激は辺縁系の構造に広がる皮質の感覚野を始点として、情動反応に関わる辺縁系（島、前帯状回、扁桃体、海馬）へと広がる一連の流れをたどった。オーガズムが始まるときには前頭葉と小脳の活動が増加した。これは、前頭葉によって作りあげられる空想と、小脳によって部分的に制御される筋肉の緊張の増加に関連していると思われる。オーガズムの間は視床下部および側坐核の活動が最高レベルに達した。

ｆＭＲＩ画像が示していたのは、オーガズムが全脳を動員する経験で、脳のあらゆる構造がプロセスのどこかの時点で必ず関与しているということだった。この、全脳による反応の裏には、興味深い違いが隠されていた。自己刺激によってもたらされるオーガズムは、パートナーの刺激によってもたらされるものに比べ、前頭前野が強く活性化したのだ。このオーガズム実験を実施したラトガース大学の研究者によれば、この差は自己刺激における想像や空想の役割を反映している可能性があるという。

この研究の二番目の注目すべき発見は、クリトリス、膣、乳首に対応する脳の感覚野内の正確な位置が異なることだ。このような解剖学的区別は、女性がクリトリスと膣いずれによってもオーガズムを経験できるとする性科学者の伝統的な考えも支持している。これも驚くには値しない。性的パートナーとこのような話題について話すようになって以来、女性はパートナーにこのことを打ち明け続けてきた。この研究はまた、乳首への刺激が女性にとってクリトリスや膣への刺激と同程度にオーガズムをもたらすものとして有効であることも示している。乳首と性器との間に存在する直接的な関連がｆＭＲＩで示されたからだ。

ここまで見てきたオーガズム研究が興味深いものであることは間違いないが、あなたは「それが私たちの愛の理解にいったいどう役立つというのか？」と思っているかもしれない。そのように考えているとしたら、あなたは少々デカルト主義になりかけている。

愛を肉体から切り離して考え、セックスは……ええとつまり、ご存じの、セックスとして考えている、と。しかし、この二分する考え方は重要な点を無視している。相互に喜びが得られることは愛という経験の一部であり、セックスはもっとも直接的かつ身体的に強く快楽をもたらすものだ。

しかし、愛とセックスを区別することが完全なる誤りというわけでもない。愛は、セックスや性的な要素を必ずしも必要としない。愛は性欲を昇華した形だと説明するのは不十分だ（すまない、フロイト）。たとえば、親から子への愛にはセックスは存在しない。おそらく、もっとも公平に言うならこうなるだろう。セックスが重要な要素となる愛の関係もあるが、そのほかの関係性においてはほとんど、あるいはまったく役割をもたない。

結局のところ、愛とはなんなのか? この問いに答えるには経験するのが一番だ。恋をして、愛する人の目を見つめると、私たちはすばらしいものを見ることができるし、喜びに満ちた感情を経験する。そして、もっとすばらしいことに、私たちは誰かを愛することで、自分のことをもより愛せるようになるのだ。

怒ったとき、なにが起きているのか？

怒りの神経科学

怒りという情動は抑制すべきものだといわれる。そして、実際的見地からもそれは非常に的を射ている。人が皆、頭にくる人や状況すべてに対していちいち怒っていたら、社会的相互作用はまったくスムーズにいかなくなるだろう。

怒りのもっともよくない点は、冷静に考えたり、行動をコントロールしたりする能力を損なうことである。怒っている人は、怒りの原因となっている人や状況の情動的意義を客観的に評価できなくなる。

誰もが同じ方法で怒りを経験するわけではない。ある人が怒るところで、別の誰かは笑うということもある。怒りの表出の仕方も人によって異なり、その違いは生物学的および文化的な影響に基づいて決まる。

現代文化、少なくとも西洋では、怒りを物理的に表出することは社会破壊的であり、受け入れられないものだとされる。私たちは、侮辱されたと感じた人が決闘という形で怒りを表出することをもはや認めない。警察はいつだって、殴り合いのけんかをしている集団があればどちらがその騒ぎを起こしたのか裁定を下したりすることなく、両方の集団を逮捕する。

ときに、怒りの表出や、他者の怒りへの気づきや対応に困難を覚える人がいる。極端なケースでは、アレキシサイミア（ギリシャ語で「感情を表す言葉をもたない」という意）を患っている人もいる。彼らはいわば、自身の怒りを「一切把握できない」状態にある。彼らが怒っているように見えるとき（声を荒らげ、身振りが大きくなる）、周囲の誰もが、彼らは怒っていると認めるのだが、当の本人たちはそうは思っていないのだ。

怒りの神経科学的起源

怒りは、扁桃体という大脳辺縁系内の神経繊維の複合体から始まり、脳の両側海馬の前方の端で読み込まれる。神経科学者らがこれまで大脳辺縁系の定義について完全に合意したことはないのだが、それなりに一般化されたコンセンサスはあって、扁桃体や他の要素を含み、皮質下に横たわるネットワークを形成していて、よい情動・悪い情動と関わるといわれている。

怒りにともなう神経インパルスは扁桃体から大脳辺縁系の他の構成要素に急速に伝わっていく。つぎに向きを変えて視床を経由して皮質へと向かい、怒りの象徴的基盤、すなわち気分を害したとか、不当なあつかいを受けたとか、挑発されたとかいった心理学的解釈を作りあげる。扁桃体は怒りの生の「感情」をもたらし、皮質は私たちが怒ったときに経験する生理学的反応を説明する。

では、どちらが最初にくるのだろうか？

研究者らは従来、怒りの表出や経験には扁桃体と大脳辺縁系の他の要素が活動することを強調してきたが、最近になって大脳皮質も怒りの表出に重要であることが認識されるようになった。

前頭側頭葉型認知症やアルツハイマー病など、前頭葉や大脳皮質の他の部分に障害が生じる疾患をもつ人々が最初に見せる病の兆候に、激しい怒りの爆発がある。この怒りの爆発の原因は多因子性で、脳の中に「怒りの中枢」があるわけではない。むしろ、怒りは大脳辺縁系内のいくつかの構造のどこからでも生成されうる。そして怒りは、大脳皮質からも生じる。誰しも、なにかについて思いを巡らせたり悩みに取りつかれたりした挙句、怒りが込みあげてくることがあるだろう。冷静に考えはじめたつもりが、侮辱されたことを思い出すだけでますます怒りが強まっていくあの経験である。

闘争か逃走か

怒りは、顔が赤みを帯びる、眉の筋肉が収縮する、鼻孔が広がる、歯を食いしばるなどの特徴的な顔の表情をともなう。そして、測定可能な生理学的反応、すなわち血圧上昇、脈拍や呼吸の増加も見られる。怒りを表している人に見られるこのような活動レベルの高まりは、脳下垂体の働きと相まって副腎から分泌されるストレスホルモンの量が増加することで起こる。ストレスホルモンは「闘争か逃走か」反応の化学的な基盤であり、体は即時的行動をとる準備状態に入る。

この、いわゆる「闘争か逃走か」反応は交感神経系の仕事で、常に怒りや不安など「暗い」感情と関連している。対照的に、肯定的な感情は副交感神経系の作用とよりつながっている。この分担があるため、特定の感情は同時に経験することができない。たとえば、怒ると同時にリラックスすることはできない。怒っているとき、あなたの筋肉は緊張し、血圧は上昇、心拍も増加している。これは、副交感神経系による筋肉の弛緩と正常な血圧および心拍をもたらす「ゆったりとさせる」沈静作用とは相反するものだ。

攻撃的怒りと防衛的怒り

怒りは、脳の電気的活動の変化によっても検出できる。ほとんどの条件下において、脳波計で電気的活動を測定すると、左右の前頭前野の活動はバランスがとれている。私たちの多くが、ほとんどの時間このような状態にあるといってよいだろう。しかし、ひとたび私たちが怒りを覚えると、左右の前頭前野の脳波のバランスが崩れ、その結果として私たちはなんらかの行動をとりやすくなる。そして、私たちが怒りに対してとる行動は、他の正または負の情動に対してとる行動とは異なる。

肯定的な情動のほとんどは接近行動として表れる。私たちは、好ましいと感じる人々に近づこうとするのである。対照的に、否定的な感情のほとんどは回避行動と結びついており、嫌いな、あるいは不安を感じさせる人や物から離れようとする。

しかし、怒りはこのパターンの例外だ。私たちは怒りが強ければ強いほど、怒りの対象に向かって近づいていく傾向が強い。これは心理学者が攻撃的怒りとよぶものだ。怒っている人は、怒りの対象となる人物や状況に影響を与え制御下に置こうとするあまりに、相手や状況にあえて接近していくのだ。この接近対決行動は、前頭葉の脳波が左側に偏る非対称性をともなう。おもしろいことに、怒っている人が怒りの対象となっている人への共感を経験すると、この非対称性が弱まる（「共感や利他主義はどう生まれたか？」を参照）。これはと対照的に、防衛的怒りでは脳波の非対称は右寄りで、怒りの原因となった状況を目の当たりにすると無力感を覚える。

私たちはなぜ怒るのか

ヒトが怒るためには理由が必要であり、理由があって初めて怒った態度をとることができると考えるのは「常識」だと思うかもしれない。だが、常識はしばしば間違っている。

怒りは、大脳皮質レベルで怒りの理由を探して特定の原因に帰するよりも数ミリ秒早く扁桃体から始まる。扁桃体が最初の発火点であって、すぐあとに大脳皮質が続き、怒りの反応の理由を念入りに作りあげる。怒りが生じるときに念入りに理由を作りあげるか否かは人によってさまざまだ。同じ状況であってもある人は怒りに火がつき、それほど深刻に考えない人は笑い飛ばすという違いが生じるのは、この差によるものと考えられる。

神経科学者は、「怒り」の親戚である「不安」の研究から、怒りに関するこうした直感に反した順序（怒る理由を知る前にそれを経験、表出すること）を見いだした。私たちはしばしば、なにに対し不安を抱いているのかがわからないままにかすかな不安を感じることがある。

たとえば、翌朝に歯医者の予約があるというときに前日に感じる不可解で漠然とした不安がそうだ。しかし、そのような不安の前兆に影響されることがあまりなく、翌日の歯医者のことは一旦横に置いておいて、その日を楽しむことができる人もいる。似たようなことが怒りにも当てはまる。ささいなことでは動じない人がいる一方で、すぐに怒り出す人もいるのだ。

ヒトにおいては、知覚とシンボルが怒りに大きく寄与する。怒っている人はなんらかの理由で、屈辱を覚えた、恥をかいた、不当に傷つけられた、または拒絶されたと感じているものだ。

あるいは、挑発され、自分がその挑発に乗るように仕向けられた（強制的に）という不快感を経験していることもある。

精神神経系疾患による場合を除き、この怒りの衝動は、人によって程度は異なるものの制御可能だ。ただし、正常と精神神経障害との区別は程度の問題でしかなく、そこに存在するのは質的ではなく量的な差異であることには注意が必要だ。たとえば、自己肯定感が低い人は、軽蔑の意図などまったくないような言葉にも軽蔑を感じ取りやすく、言葉で怒りを爆発させたり、自身が知覚した挑発に対して物理的な攻撃をしかけたりする傾向がある。当人の怒りが増大していくと、一瞬で悪循環が形成される。主観的な怒りという感覚が、さらなる怒りを生むフィードバックとして働くのだ。これが怒っている人がよく言う、自分の「コントロールを失った」状態を作り出す。これは、交感神経系が過剰に働いている状態だ。

アンガーマネジメント

過度に怒りやすい人への対処法として、副交感神経系の影響を高めるさまざまな「アンガーマネジメント」というテクニックが使われる。たとえば、怒っている人にゆっくりと呼吸し、筋肉をリラックスさせることに集中するよう働きかける。それと同時に、怒りの反応が刺激された状況を心の中で見直すようにうながす(「目を閉じて、心の中であなたを怒らせた人の立場からこの状況を見てみてください」)。

この再構成技術は、前頭葉と側頭葉がイメージを使って怒りをともなわない他の戦略を考えるために使われる。怒っている人の脳は、扁桃体や大脳辺縁系の他の部分が、大局的にものごとを見る力をもつ前頭葉から主権を奪い取った状態にある。アンガーマネジメントプログラムは、前頭葉の覇権を維持する方法を教えてくれるものなのだ。

アンガーマネジメントクラスで今日提供されるアドバイスの初期形態を作りあげたのは、ローマの哲学者セネカである。まず、「話しぶりや衝動をチェックし、自分がどういう刺激によって怒りを感じるかを認識する」。つまり、過去にあなたを怒らせた発火点から、自分の感受性を知るということだ。セネカはつぎにこう示唆する。「誰かがあなたを軽蔑しているように見えたら……あなたは自分をその人の立場に置いてみて、彼の動機や酌量すべき事情を理解することを試みるべきだ」。セネカは前頭葉についてはなにも知らなかったものの、彼のアドバイスは実際、外部環境に反応する扁桃体よりも、内省的な前頭葉を優位にする手段を提供していたのだ。

このような神経科学のすべてをいくぶんわかりやすくするため、前頭葉は怒りの表出を阻害するものだと覚えてほしい。自分の中に怒りが沸き起こるのを感じたとき、私たちは前頭葉に割って入ってもらい、現状をそんなに深刻にとらえてはいけないと諭す「理性の声」を届けてもらうべきなのだ。

都市の怒りvs.田舎の怒り

前述したとおり、怒りは不安や恐怖と密接に関連している。通常、私たちが恐れるあらゆるものは、恐怖を生じさせない場合には最終的に怒りという反応となって私たちの中に立ち現れる。私たちは飛行機事故が怖いから飛行機に乗ることを嫌がる。そのため、空港にくるときには緊張し、不機嫌になっている。せっかちになり、ささいなできごとによって突如怒り出したりする。

頻繁に共起する関係であることから、不安に関する社会学的研究はさまざまな集団での怒りを理解するのにも役立つ。たとえば、大都市に住んでいる人々は田舎に住んでいる対照者に比べ不安になりやすく、怒りを表出しやすいことが知られている。もちろん例外もあるが、主だった研究はこうした関連を示す。

都市に住む人々と農村部の人々とを比較した以下の研究では、怒りと不安の項目で脳に違いが現れた。ドイツの精神衛生中央研究所で行われた研究で、これらの二つの群が、数学の問題を解く間にどのように批判に応えるかを比較したのだ。「この実験には非常にお金がかかっていることを理解してくださいね。ですから、少なくとも分布の下位四分の一よりはよい成績をとるよう努力していただけると、我々としてはありがたいのですよ」。

これらの非難がましいコメントが迷惑だったと答えたことについては、都市部の住民も農村部の住民も変わらなかった。

しかし、彼らの脳はそれぞれに特徴的な反応を見せていた。都会の人たちの脳の扁桃体のほうが、より強く活動していたのだ。さらに、都市で過ごした時間が長いほど、また、住んでいる都市が大きいほど、扁桃体の反応が強かった。しかも、扁桃体とその制御を担う帯状皮質との間の連絡効率がよくなかった。つまり、都市生活者は、社会的苦痛のシグナルを伝える脳の領域の活動が高まっていたのだ。

この研究結果を、世界中で農村部から都市部へと人が移動している現状を踏まえて考えてみてほしい。多くの混乱や暴力事件が世界中の都市部で生じていることは、実は驚くべきことではないのかもしれない。暴力の増加は、農村部の市民が都市に移動することに起因しているのではなく、怒りの火種はほとんどの場合、都市の長期居住者の間で生成されている。そして、今私たちは、ついにその理由を知ったのではないだろうか。怒りの経験や表出という点において、都市居住者の脳の構成が異なるということが実験的に示唆されているのだ。

怒りの制御

日常的な観察や民間の知恵は、ある種の身体的特徴が怒りやすさと関連している可能性を示唆する。セネカは、「赤毛で赤ら顔の人は、『熱』と『乾』の体液が過剰なために短気である」と信じていた。神経科学は怒りやすさの素因について、これ以上に高度な人相学的プロファイルをいまだ明らかにできていないが、私たちは人の振る舞い(外見ではないとしたら)から、反論しないほうがいい相手を直感的に見抜くことができる。

動物実験からは、怒りを制御する能力を決めるに当たっては、外見より遺伝子のほうが大きな役割をはたしている可能性が示唆されている。ラットの怒りやすさをコードしている遺伝子はすでによく知られている。たとえば、選択的交配によって、誰かが近づいてくればケージの格子に体当たりしてくるような、怒りに満ちたラットを作り出すことも可能なのだ。

私たちの種に関しては、怒りをあからさまに表出するようになる最大の要因は脳の損傷であろう。神経学の教授として私は長年、数千人にもおよぶ頭部に外傷を負った患者を診察し、追跡してきたが、そのような傷害が怒りの制御にもたらす多大な影響はいつも驚くべきものである。元は従順だった人が、怪我を負ったあとはほんのわずかな挑発や、ときには挑発の事実が一切ないような場合にも、激しい怒りを爆発させることがある。このような変化は、前頭葉の中の前頭眼窩野に損傷を受けた場合に特によく見られる。

今日、前頭葉の障害と感情の自制の損失との関連は十分に確立しており、法廷においても、前頭葉損傷疑いに基づく弁護（「前頭葉の抗弁」）が殺人や他の暴力犯罪で採用されるようになってきている。興味深いことに、法定で有罪か無罪か争われるようなケースは、怒りというトピックとはほとんど関係していない。怒りの爆発の大半は、肉体的な暴力につながらないのだ。それどころか、戦争やボクシングのようなスポーツといった、私たちの活動の中でももっとも暴力的な類のものは、怒りに身を任せたり、衝動的に反応したりすると敗北する可能性が高まる。

また、前頭葉の障害は、恒久的なものではなく一過性の場合がある。酒を数杯飲むと性格が悪くなる人を指して「酒癖が悪い」ということがあるが、これは飲酒によって、通常であれば前頭葉が担う怒り抑制効果が一過的に減弱している例である。てんかん、特に挿間性抑制欠如症候群とよばれる病態では、温厚で善良な市民が、けんか腰で怒りに身を任せて荒れ狂う脅迫者に変わってしまう。しかし、脳に損傷を負っていなくとも、怒りのさまざまな経験や表出を示すことはある。

通常、怒りはコントロールを失うことによって生じるが、ときに他人をコントロールする手段として怒りを利用する人がいる。これは、複数の研究によれば、怒った表情の人は他人から力があり、社会的地位が高いと知覚されるためらしい。そのため人は、要求が通らないと怒り出すような交渉者に譲歩してしまう傾向がある。

つまり、怒りを装える人や誇張できる人はある意味で有利だということだ。しかし、誰もが他人を操作するための手段として怒りをうまいこと利用できるわけではない。偽りの怒りは制御を失いやすく、本物の怒りへと変わりうる。他者が見て説得力のあるパフォーマンスができていない場合はこれが特に顕著だ。

私たちは皆、怒りについて同じ課題に直面している。脳の大脳辺縁系から生じる衝動を、いかに前頭葉の制御下に置いて維持するかということだ。アリストテレスも言ったように、「誰しも怒ることはある。怒ることは簡単だが、正しい相手に正しいタイミングで正しい程度に、正しいやり方で怒るという能力は皆に備わっているわけではなく、簡単なことでもない」のだ。

夢には意味があるのか？

ランダムノイズか、それとも無意識の表出か？

歴史上ずっと、夢想家は夢の意味について推測し続けてきた。1912年に、D・H・ロレンスは友人エドワード・ガーネットにつぎのように書いた。

「奇妙なことではあるんだが、私の夢は私の代わりに結論を考えてくれるんだ。夢が最終的にものごとを決めるんだ。私は決定を夢に見る。眠りはまるで、私の漠然とした日々の論理的結論を導き出し、夢という形でそれを私に見せてくれているようだ」。

夢を解釈することがこれほど困難な理由の一つは、フロイトが著作『夢解釈』で書いたとおり「夢はしばしば、もっともクレイジーに見えるときにもっとも深遠」だからだ。さらに、私たちは夢を、喫緊の状況やできごとと結びつけて解釈する傾向がある。

過去のものごとについての夢は好奇心をそそるが、私たちがそれについて時間をかけて丹念に検討することはおそらくないだろう。それよりも、現在の心配事に関してとるべき行動の指針を示してくれる夢について熱心に考えるに違いない。これが、80％以上の夢が過去ではなく現在起きているできごとに関連している理由の一つかもしれない。私たちの夢は本当に役に立つのかもしれないが、多くの場合、それを理解することも説明することも不可能だ。

たとえ夢のシチュエーションがごくありふれた日常であっても、その中にはしばしば論理や通常の因果関係からの逸脱が見られる。「それにしても、なぜ人の理性は、夢にあふれている、そのようなわかりきった矛盾や不可能に［起きたときにも］黙って従うのだろうか？」

フョードル・ドストエフスキーの『白痴』で語り手は尋ねる。「人は夢の不条理さを笑うが、かような不条理さの混沌の中に、なんらかの思想が隠れていると感じる……しかしそれもすべて、理解することも思い出すこともできないのだ」。

夢のランダムネス

夢を解釈することがひどく難しいのは、夢がしばしば異なる時代からランダムに取り出した断片を組み込んでいるように見えるためである。たとえば、母の死後、私はその後遺症で数回母の夢を見た。ある夢の中の母は40代後半のように見え、私は日中の想像ではどんなに努力しても見られないほどの明瞭さで彼女を見ることができた。同じ夢の中の別の場面では、母は晩年から亡くなった94歳ごろにかけてと同じ外見をしていた。このような時間の対位法的な構成は、夢に典型的なものだ。同じ人物の晩年と50年前とに同時に出会う経験ができるのは、夢の中だけだ。

さらに夢は、「実生活」で経験するのと同じくらい、ときにはそれ以上に鮮明で強烈だという特徴をもつ。心的外傷後ストレス障害（ＰＴＳＤ）に苦しむ人がもっとも恐れるのは夢だという。私はＰＴＳＤを患う兵士をインタビューしたことがあるが、彼は眠りに落ちて戦闘体験を夢に見てしまうのが嫌で、夜遅くまで起きていた。人が郊外の自宅のベッドにいながらイラクでの激しい銃撃戦に従事できるのは夢の中だけだ。日中の想像はどんなに鮮やかなものであっても、これほどの力で過去の状況をよび起こすことはできない。この即時性と強度が、夢を、脳が実行する他のあらゆるプロセスと一線を画するものにしている。

おそらく、夢とは過去の昼間に経験したことの断片や破片がランダムにちりばめられたものであると考えるのが最善であろう。かけらを配置し、そこに意味を重ねるのは私たちだ。夢には意味などないと信じていて、夢を解釈しようとしない人もいる。そういった人以外は、夢に意味があると確信している。聖マタイの福音書によれば、ポンテオ・ピラトの妻はキリストが夫に裁かれる日の前夜、鮮明で恐怖に満ちた夢を見たという。その夢はあまりにも恐ろしかったため、彼女はキリストをはりつけにするような試みには「関わってはいけない」というメッセージを夫に送っている。

夢の重要性を信じる者の多くは、夢に取りつかれてしまう。私のＰＴＳＤ患者の一人は、地下鉄の運転士で、彼が運転していた列車が駅のホームに進入したときに飛び込んできた女性の顔を繰り返し夢に見ていた。夜に夢で見ていたものはやがて白昼夢の一部となり、彼はショッピングや車の運転中など、日中の活動中にも彼女を見たような気がするようになってしまった。

彼が立ち直れたのは、女性があの世から彼に語りかけようとしているわけではないということ、彼のような状況でそういう夢を見ることは異常ではないこと、そして、彼がその夢を拒絶したいという欲求に抵抗できれば夢は消えるということを彼が受け入れられたときであった。彼が夢を受け入れることは簡単ではなかったが、受け入れたことで癒やしを得られた。

実際、心をかき乱す、苦痛に満ちた夢を受け入れることが、自我を悪夢から解放するための前提条件なのだ。悪夢と戦おうとすれば、余計に悪夢を心に根付かせることになる（「二つのことを同時に考えられる?」を参照）。

ときには、本人が眠って夢を経験している間であっても、心を乱す夢を制御し、支配できることがある。そうしたいわゆる明晰夢の間、夢を見ている人は意識的に夢の中に入り込み、状況を変化させる。狂暴な犬に追いかけられている夢を見ているのであれば、回れ右をして犬を追いかけはじめる。

意味を求めて

夢に関する最古の記録は、紀元前2050年に古代エジプトで書かれたチェスター・ビーティ・メディカル・パピルス（大英博物館所蔵）にさかのぼることができる。その中には、ホルス神に仕える司祭による解釈がつけられた、200ほどの夢の報告が含まれている。当時のエジプト人は、夢の解釈に重きを置いていた。彼らは、夢が未来への窓であり、神が服従を強要し、危機に対する警告をし、問いに答えるための導きであると信じていた。紀元前１２００年までには、魂、すなわちボアへの言及が出現した。テーベの死者の書の記述によれば、ボアは夢を見ている間は肉体を離れ、霊の世界の中をさまよっていると考えられていた。

ギリシャ人やローマ人も、エジプト人と同様に、夢の意味を解釈する専門の司祭に頼っていた。ホメロス、ウェルギリウス、オウィディウスは、自身らの傑作『イリアス』、『アエネーイス』、『変身物語』に書かれているとおり、夢には予言の意味合いがあると信じていた。ローマ人は、夢が神による訪問ではなく、ペトロニウスの言葉を借りれば「私たち一人ひとりが、神のために作り出すもの」という重要な知見を得た。

内部と外部、どちらの刺激からも夢は生成される。19世紀には、ひょうきんな研究者ルイ・モーリーがアシスタントを雇い、モーリーが眠っている間に彼をつねったり、水をたらしたり、鼻の下で香水瓶のふたを開けるなどさせた。すると、これらの刺激は頻繁にモーリーの夢に表れてきたという。

１８４５年までに、夢の原動力は無意識であるという概念が、フロイトと同様ウィーンに住み、フロイトに先行して活動していたエルンスト・フォン・フォイヒタースレーベンの研究から生まれた。彼は夢が「病気の前兆かつ随伴物」であって、「夢の解釈は医師による注目と研究に値する」と考えた。

フロイトはこの知見を取り入れ、１８９９年に『夢解釈』を出版した。この本は夢の中に存在する意識と無意識の思考プロセスの興味深いつながりに世間の注目を集める結果となった。フロイトは「夢は願望を充足するもの」であって、それゆえ夢は精神分析医に「無意識への近道」を提供してくれるという自身の説にかなり傾倒していた。彼は、友人ヴィルヘルム・フリースに宛てた手紙にこう綴っている。「君はいつか、『１８９５年7月24日、この地で夢の秘密がジークムント・フロイト博士により明らかになった』と刻まれた大理石の石板がこの家に飾られる日がくると思うだろうか？」これまでのところそのような石板は設置されていないようだ。フロイトの弟子たちがすぐに明らかにしたように、夢についての理論は夢そのものと同じくらい、はかないものである。

夢に関する説明をまとめ、しばらくの間熱狂的に支持されたのち、同様に有望な他の理論にその座を奪われたのは、フロイトが初めてではない（し、彼が最後になるとも思えない）。なにもあざけり非難しているわけではない。もっとも有望な科学的なアイデアであっても、やがては新たな理論に道を譲るものだ。実際、この修正主義が科学をイデオロギーや空想的な思索と区別する。そうはいうものの、夢の理論の寿命は際だって短かった。

これには相応の理由がある。フロイト的解釈を用いて患者の夢分析を行っていた精神分析医は、同じ夢であっても分析医によってまったく異なる分析結果が出てしまうという、がっかりする事実に直面したのだ。フロイト的であれそれ以外であれ、夢の解釈は多くの道を迷走してきているが、いずれの成功も「科学」と名乗るために必要不可欠である客観的検証にいたっていない。

胡蝶の夢

夢は、夢を見ている本人の人生や状況とは矛盾する要素を含むことができる。たとえば、先天性難聴の人が会話をする夢を見ることがある。対麻痺《ついまひ》の患者も歩いたり走ったり泳いだりする夢を見る。本人たちは障害のため、これらの活動を目が覚めているときには実行できない。また、先天的に難聴であったり対麻痺であったりする人々は、生まれてから一度もそのようなことを実際にやったことはないのだ。それなのに、彼らはなぜ、どのようにして、このような夢を見るのだろうか？

ある説では、たとえば夢を見ている人の肉体が夢で見る活動を物理的に実行不可能という場合、脳内で覚醒時の現実とは無関係の場所に存在する感覚器官が表現するものや動きを夢が利用していると考える。これは実際、身体的障害をもたない場合にも当てはまる。夢見る脳は、覚醒時の人生ではとうてい実現できない経験を生み出す。たとえば、人間は空を飛ぶことができないが、空を飛ぶ夢を見ることはごく一般的だし、非常に楽しい（私は長年そのような夢を見ている）。

ただし、夢は私たちの心の地図にとってまったくのよそ者というわけではなく、覚醒時の意識と一定の資質を共有している。たとえば、覚醒時、生活の中で自分と自分を象徴する分身（写真やアバターなど）とを重ね合わせる能力は、脱身体化して自身を見ることができるということを意味する。夢の中では、このような置き換えのスケールがさらに大きくなり、経験者の一人称の視点が、三人称の観察者のものに変換される。中国の哲学者荘周は『荘子』の中で一つの例を示している。

昔々、私荘周は夢で蝶になり、あちらこちらをひらひらと飛び回って、その意図も目的も蝶そのものであった。私は蝶であることを楽しみ、満足していた。自分が荘周であることには気づいていなかった。突然目が覚めると、私は紛れもなく私自身としてそこにいた。もはや私は、人間の夢で蝶になったのか、蝶の夢で人間になったのかわからない。

エンボディメント（自分自身が特定の体の中に局在している感覚）は夢の中では日常的に変わり、ときに心を乱す、あるいは困った問題を引き起こすことがある。私の患者のある男性は、自分が女性で、妻と妹は入れ替わっており、妹と結婚しベッドをともにしているという夢を見ていた（フロイト派の分析医であれば、間違いなくこの夢を重要視したことだろう）。

創造性と夢

夢は、問題解決やインスピレーションの源になる。ドイツの神経生理学者オットー・レーヴィーは、夢の中で神経伝達物質アセチルコリンの存在を発見した。彼は真夜中に夢から目覚め、実験室へと急行し、アセチルコリンの化学的性質を明らかにする確認実験を行ったという。

アウグスト・ケクレは、二匹のヘビが絡み合いたがいの尾を噛んでいるデザインのシグネットリングを夢で見たときに、ベンゼン環の構造を思いついたという。彼はこの指輪を何年も前に見ていたのだが、そのことをすっかり忘れていた。彼が見た指輪の夢は、ベンゼンの化学構造を思いつくきっかけを与えたのだ。炭素が作る六員環と、そこからブレスレットのチャームのように突き出ている水素原子たちだ。

同様の洞察を夢から得ることは誰にでも可能だ。創造力に行き詰まりを感じたときは、「一晩寝かせて」、創造的な洞察をかき集め、翌朝夢を思い出そうとすればよいかもしれない。たとえば、夢研究者のウィリアム・ディメントが学生に与えた以下の問いについて考えてみてほしい。「H、I、J、K、L、M、N、Oという文字の連なりから、どのような単語が連想されますか？」

このパズルの答えが今あなたの中に降りてこないなら、今夜寝る直前にもう一度考えてみてほしい。ディメントの学生たちが見たのと似たような夢を見るかもしれない。シュノーケリング、スキューバダイビング、セーリング、水泳などだ。

これらの夢すべてに共通するテーマは、水（WATER）だ。水の化学式は H^2O、すなわち出題された文字の連なりHからO（H to O）と同じ発音になる。学生たちの夢は一見無意味なようであったが、そこには解答につながるヒントが含まれていたのだ。

神経科学と夢

神経科学が発達したことで、興味の対象は、フロイト的無意識から、フロイトが考えていたよりもはるかに広範囲での情報処理を含む認知的無意識へとシフトしている。

夢の中では、起きている間には十分注意を払わなかったできごとが起きたり、何年も会ったことがない、あるいは思い出したことがない人が出てきたりすることが多々ある。しかし、もし私たちが起きている間にそのような事柄にほとんど気づいていないのだとしたら、どうやって私たちはそれを夢に見るのだろう？　それは、脳の中では無意識的な認知処理が例外というよりむしろ規則だからだ。覚醒時も睡眠時も、脳の活動の大部分は私たちの意識の外で起こっている。

しかし、過去30年にわたる精力的な神経科学研究にもかかわらず、夢の意義を総合的に説明することはできないままだ。合意できているのは、以下の説明までだ。眠っている人の目が急速に動いているとき（レム睡眠）に起こすと、起こされた人はしばしば精緻で詳細な夢を報告する。これは、目が静止しているとき（ノンレム睡眠）に起こされた人には見られない現象だ。しかし、どれほど鮮やかな夢だったとしても、すぐに忘れられてしまう。眠っている人をレム睡眠の数分後に起こすと、彼／彼女は、直前のレム睡眠時に見ていた夢をまったく思い出せないか、ごくわずかしか思い出せない。

ここに、私を常に悩ませてきた夢に関する難問がある。夢が、私たちが今取り組んでいる問いへの答えや、将来とるべき選択を教えてくれるほどに重要なのであれば、なぜ私たちはそれらをほとんど覚えていられないのだろうか？　進化は夢を記憶することを選んだようなのに、それを思い出すために特別な努力をしないといけないのはなぜなのか。

これについては一つの事実が答えを教えてくれるかもしれない。私たちがもっともよく思い出せる夢は、早朝、覚醒しつつあるときに見ていた夢だということだ。これは、脳の記憶保管庫が睡眠時には通常オフになっていて、覚醒するにつれゆっくりと「オンライン」に戻るということを示唆する。このようなしくみは適応的な目的をもつようである。私たちはランダムな夢でメモリの容量を使いきることをよしとしない。そうして経済性を求めた結果、私たちはほとんど夢を思い出せないというのだ。

これに関連した夢についての仮説が、故フランシス・クリック（DNAで有名な）とグレアム・ミッチソンにより提唱されている。彼らは、夢が「逆学習」メカニズムに使われていて、脳の活動パターンのうち役に立たないものを、ランダムに活性化することで消去しているのだと推測した。

この理論の別のバリエーションでは、前頭前野の影響が覚醒時に比べて睡眠時に弱くなるときに生じる「ランダムノイズ」が夢だとされる。この変化が、奇妙で不可解な状態を生み出すことがあるというのだ。そのような理論は、レム睡眠の役割については説得力のある説明ができるが、もっともよく聞かれるつぎのような問いへ答えることはできない。私はなぜ今、この夢を見ているのですか？　30年間も連絡をとっていなかった人を昨晩夢で見たのには、なにか意味があるのでしょうか？

夢の符号化

夢の中でのできごとは、覚醒時に起こっているものごととは異なるやり方で符号化される。時間、場所、人、状況が覚醒時とは違う関係性をもつのだ。これも、私たちの多くが夢をほとんど思い出せない理由の一つであることは間違いない。私には、これがたしかに当てはまる。私は夢から覚めると、すぐに枕元に置いてある小さなフラッシュレコーダーに今見た物語をディクテーションするようにしている。長年にわたる個人的な経験から、私はどれほど夢が興味深く魅惑的であっても、そして、私が思い出すとどれほど強く決意していたとしても、翌朝それを思い出すことができないことを知っている。だから、フラッシュレコーダーを使うのだ。

ハーバード大学の睡眠研究者アラン・ホブソンが10年ほど前に教えてくれたのだが、もっと夢を見て、もっとそれを思い出したいと望むのであれば、やらなければならないことはただ一つ、床につくときに夢を見たいと静かに決意することだけだそうだ。ホブソンによると、そうした願いごとを毎晩繰り返すと、だいたい三週間後くらいから念願かなって夢を見られるようになるらしい。もう一つの方法は、目覚まし時計を起きたい時間の一時間ほど前にセットし、起きたあとにうとうとするチャンスを自分に与えるというものだ。睡眠と覚醒の間のぼんやりとした状態のとき、あなたは夢を見る可能性が高いし、加えて重要なことに、それを思い出せる可能性も高い。

もう一つの難問は、夢と脳の細胞レベル、あるいは回路レベルでの活動との関わりだ。これはもっと根本的な、「心と脳はどういう関係にあるのか？」という問いのサブカテゴリーである（「心は、体なしに存在できるだろうか？」を参照）。「カテゴリー錯誤」に関して論じた章で詳しく紹介したように、こういう類の問いは二つの言説の秩序を、過度に単純化した一つの言説へと融合させたものである。つまり、夢とはある種の物語であり、物語のルールに基づいて取りあつかわれなければならない。これを神経科学の観点から説明しようとすれば、神経回路の発火や、神経伝達物質とシナプスの渦について言及しなければならない。これら二つはまったく違う次元の言説である。

さて、そうであるならば、私たちは夢に対してどういう姿勢でいればよいのだろうか？　私はここでは不可知論をおすすめしたい。ひょっとすると、夢が本質的に無意味なものであるから、私たちはそれを理解できないのではないか。そう考えると、夢がまったく非現実的に感じられる理由ともなっている、設定の矛盾、奇妙に並置される符号、あり得ない行動なども説明がつく。言い換えれば、説明など本当は存在しないのではないか。

しかしこの結論は、つぎの非常に大きな問いを真っ向から否定する。夢に意味がないというのなら、なぜ、そうではないことを示唆するさまざまな説や考え（や詐欺）があらゆる文明に見られるのだろうか？　夢というものはどうしても、その複雑さの理由やそれが象徴するなにかについてだけでも、なんらかの（どれほど粗末であっても）解釈を欲するものらしい。夢がどれほど不可解で困惑するようなものであるかによらず、あなたはつぎのように自分に問いかけられる。「なぜ今？　なぜこの夢？　この夢に従ってなにか行動を起こすべきなのか？　それとも忘れていいの？」

しかし、神経科学がこういった質問に対する答えをもっていると期待してはいけない。代わりに、夢は数式を解くようには説明できないということを認めよう。しかし、同時にあなたは、自分の夢を解釈するのなら、すべての夢の考案者兼原作者、つまりあなた自身の脳を信頼するしかないのだということを受け入れることも大切だ。

心は私たちを欺くのだろうか？

幻想、現実、心

おそらくこれがこの本の中でもっとも重要な問いであろう。心が私たちを、私たちが気づかないやり方で欺くのだとしたら、私たちはどうやって、自分がだまされていないと確信することができるのだろうか？

お好みの検索エンジンに〝Enigma Leviant〟と入力してみてほしい。アーティストのレヴィアン（Isia Leviant）による「エニグマ」という絵が表示されるはずだ。数分間それを見つめてほしい。この、円と線が規則的に配置された絵画を見ると、ほとんどの人はなにかが円運動をしているという強烈な印象を抱く。実際には、エニグマの絵のどこも動いていない。この絵を見ることで誘発される、なにかが動いているという感覚は完全に錯覚で、主観的なものだ。

私は以前から、エニグマのような錯視に興味をもっていた。私は過去の著書『遊ぶ脳みそ』で、パズル作家・錯覚クリエイターのスコット・キムとともに、脳が私たちをだますしくみを探った。その結果、だましのいくつかは感覚器から始まっていることがわかったのである（「感覚とはなんだろうか？」を参照）。たとえば、レヴィアンの錯視は目から始まる。

ともにマジックの神経科学に興味をもっている神経科学者スティーブン・L・マクニックとスサナ・マルティネス＝コンデは、人がレヴィアンのエニグマのような運動錯視を見ているときの眼球の動きを記録した。彼らは、被験者がイメージの中に見る運動という主観的感覚が、固視しているときに起こる細かい眼球運動（いわゆるマイクロサッカード）の頻度と正比例することを見いだした。高速運動を見ている間はマイクロサッカードの回数が増加し、低速な運動を見ている間はマイクロサッカードの回数が低下していた。これらの結果から、運動錯視の知覚が脳ではなく目で始まると結論づけたのだ。

真実の発見という観点で、運動がないところに動きを見てしまうという状況がおよぼす影響を考えてみてほしい。私はなにも複雑な認知プロセスについて話しているわけではない（これについてはこのあと論じる）。エニグマ錯視やそれに類するものは、もっとも基本的な感覚のレベルですら脳は私たちを欺くことができると示している。

パターン認識

私たちが知覚する物すべてはパターンとして脳に送られる。脳は視覚野の中でまず線、端、角などのパターンを処理する。つぎの高次のレベルの処理では、視覚ニューロンが輪郭や動きに反応して発火する。あるニューロンは対象物が上下に動いたときに発火する。端の動きに反応するニューロンや、特定の方向を向いている端に反応するニューロンもある。最後に脳は、色、サイズ、遠近、対象物同士の関係などについて処理をする。線や端から動きを経て、色や他の対象物にいたるまでの階層的な配置が、私たちの日常世界を構成する物、風景、人、できごとを存在させるのだ。また、このしくみが私たちを脳に欺かれやすくもする。

錯視は、私たちの目の配置がもとで起こる。二つの目が隣同士に配置されているため、それぞれの網膜には異なる映像が投影される。この両眼の配置が、私たちが見るものとカメラがみるものが根本的に異なるものとなる理由である。カメラは一つのレンズを通して「みる」が、私たちは二つの目を通して見る。その結果得られる立体視が、私たちの映像装置が三次元のシーンを作り出せる理由である。

私たちは、複雑な三次元世界で動作する生体センシングデバイスであるとみなすことができる。そして、私たちが見る物は常に、私たちの期待と関連している。イギリス人画家のデイヴィッド・ホックニーが言うように、「目は心についている」のだ。この意図しない依存関係の結果、心は目が見ているとそれ自身が信じるものをあらかじめ決めている。そして、その決定が誤っていることがあるのだ。

たとえば、検索エンジンに〝princess card trick demonstration（プリンセスカードトリック 実演）〟と入力し、このトリックの動画をいくつか見てみてほしい。ここから先を読む前に、ぜひとも動画を見るように。今インターネットにアクセスできない読者のために説明すると、このトリックではつぎのようなことが起きる。あなたは5枚のカードを見せられ、「心の中で1枚カードを選択する」よう求められる。つぎに5枚のカードはシャッフルされ、裏返しにされる。そこから、1枚のカードが捨てられる。残り4枚のカードを表に返してみると、あなたが選んだカードがなくなっている、というわけだ。

「プリンセスカードトリック」は、1905年にヘンリー・ハーディンというマジシャンによって考案された。これは現代の心理学者ロナルド・A・レンシンクが「変化盲」とよぶ、不注意盲ともよばれる現象に基づいている。レンシンクはこれを「他のタスクやできごとや対象物に注意が向けられていたために、完全に見えてはいるが予想外の対象物に気づけないこと」と定義した。

それでは、プリンセスカードトリックの種明かしをしよう。あなたが5枚のカードを見せられ、1枚選ぶように言われたとき、あなたの注意はそのカードに向けられ、固定される。他のカードには注意を払わなかったことだろう。

そして、あなたが選んだカードに集中している間に、マジシャンはこっそり4枚の新しいカードと取り換えたのだ。これらのカードを見せられたあなたは、選んだカードはあるかと問われる。もちろん、そこにあるわけがない。しかし、消えたのはあなたが選んだカードだけではなかったのだ。最初に見せられたすべてのカードが消えているのだから。

変化盲のおかげで、あなたは自分が心の中で選んだカードをマジシャンがなんらかの方法で見抜き、そのカードだけを消し去ったという印象をもつわけだ！　プリンセスカードトリックは非常に巧妙にデザインされているため、このトリックを何度か見せられたあとでも、しくみを説明できる人は10％に満たない。

認識を変える

もちろん、変化盲は役に立つこともある。あなたの脳があなたの周りのすべてのものの微妙な変化を記憶してしまう世界を想像してみてほしい。たぶん、コーヒーテーブルに置いてある雑誌は、昨日は少し違う角度で置かれていただろうし、今朝あなたが車を停めたとき、タイヤは縁石に向いていたが、昨日の朝停めたときにはまっすぐだったかもしれない。私たちの脳がそのレベルでものごとの詳細を記録していたら、どうでもいい記憶を山ほど抱えることになってしまう。だから、変化盲はほとんどの状況で、最適なしくみだと考えられている。私たちは心に欺かれないよう、そのしくみが存在していることだけ認識しておけばよい。

私たちの心は、私たちの知覚をそらして二つの解釈が可能な場面でどちらかの解釈しかできないようにする、というやり方でも私たちを欺く。1832年にスイスの結晶学者ルイス・ネッカーは、ネッカーの立方体とよばれる、二次元の線で描かれた立方体が脳内で三次元の物体として解釈される絵をデザインした。

ネッカーの立方体は、検索エンジンに〝Necker Cube Optical Illusion（ネッカーの立方体　錯視）〟と入力すれば見ることができる。さらに www.youramazingbrain.org のサイトでは、イラストと説明が見られる。

ネッカーの立方体を見ると、それがあいまいなまま存在することに気づく。二つの異なる視点から解釈が可能なのだ。少し訓練すると、この二つの視点の間を急速に行ったり来たりすることができるようになるだろう。ただし、どれほど素早く視点を変えられるようになっても、両方の視点から同時に見ることは絶対にできない。あなたは心に欺かれているのだ。あなたは、この立方体を二とおりに解釈できると知っている。だが、一度に見ることができるのはそのうち一つだけだ。

エニグマとは対照的に、このイメージはもう一方によって置き換えられるまで安定している。画面の上ではなんの動きも起こっていないように見える。この立方体の前後のシフトは、二とおりの解釈を担当しているニューロンの発火率がタイミングによって異なることに基づいている。いわば、疲労と回復のサイクルのようなものだ。脳のどちらかの解釈を担当する回路が疲弊すると、もう一つの解釈を担当する回路が活性化する。また、意思によってどちらかの解釈が優勢になるよう仕向けることも可能だが、もう一つの解釈もやがて「壁を壊して」現れる。

芸術作品は心によるだましの例を多く提供してくれている。特に、スペインのシュルレアリスム画家サルバドール・ダリなどの作品で顕著だ。ダリは、遠近法、縮尺、空間転位、消失点、三次元のだまし絵技法を駆使して錯覚を表現した。これらの手法を組み合わせることで、見当識を失わせるような幻覚的な感覚が得られる。私がもっとも好きなダリ作品の一つ、「幽霊二輪馬車（The Phantom Cart）」は、背景の砂漠の彼方にある二つの建物のシルエットが、小さな村へ向かう馬車に乗っている二人の人間のようにも見えるというものだ。ネッカーの立方体と同じく、見る者の視点はダリが描いた錯覚の二とおりの解釈の間で行ったり来たりする。

ダリが錯覚に魅せられたのは、小さな手漕ぎボートの上から、空を動く雲や地平線のゆっくりとした形の変化を観察し、解釈したことがきっかけだったようだ。

想像しうるすべてのイメージが……あなたが位置を変えると次々に、かわるがわる現れ、……私たちが手漕ぎボートならではのゆったりとしたスピードで前方へと動くと、それらのイメージは……ラクダや……雄鶏へと変形していく。

同じ雲を観察する別の人は、その人自身の脳のだまし方に応じて、彼とは違った形を見るだろう。

心理学者は、人の脳が個人の心理構造に基づきそれぞれに異なるやり方で欺くということを利用する。ロールシャッハ・テストでは、被験者は不明瞭なインクの染みを見て、そこになにが見えるかを報告する。印象だけに頼るという性質と解釈の難しさから今日ではこのテストはほとんど使われないが、本人の個性、文化的背景、経験などに基づいて脳がパターンを知覚することを示す巧妙な例である。

認知のトリック

私たちの心と脳は、感覚をともなうトリックだけではなく、思考も関わるトリックを使う。このような認知的錯覚は、確率を数値化したり取りあつかったりすることの困難さから生じる。私たちの願いや信条とは裏腹に、私たちは生まれつき論理的な生き物ではない。数学、論理的演繹法、因果関係は私たちが自然にもつものではなく、学習しなければならないものなのだ。

私が言いたいのはたとえばこういうことだ。ハンクは元海兵隊員で、ボランティアの消防団員で、複数の武術の有段者であり、トライアスロンに定期的に参加している。さて、質問。ハンクは特殊部隊のメンバーと司書、どちらの職業に就いている可能性が高いだろうか?

もしあなたが、ハンクは特殊部隊の一員だろうと思ったなら、間違いだ。ただし、その選択をしたことについてさほど落ち込む必要はない。多くの人、ときには統計学者ですらも、確率のことを忘れ、ステレオタイプに基づいて質問に答えてしまう。

なぜあなたが司書を選ぶべきだったかというと、世の中には特殊部隊隊員よりもずっと多くの司書が存在するからだ。実際、その数字の非対称さは驚くほどで、私があなたにハンクについてなにも伝えずに彼の職業を聞いたとしたら、きっとあなたはなんのためらいもなく正解を答えただろう。代わりに私は、司書に対してあなたがもつステレオタイプに基づいて、心理的トリックを使ったというわけだ。しかしあなたも司書についてどれだけ知っているというのだろうか？　彼らがプライベートで消防団員だったり、武術の有段者であったり、トライアスリートであったりしても、なにもおかしくないでしょう？　そしておそらく、あなたがもつ特殊部隊隊員に関する知識は、もっと少ないに違いない。

メンタリズム、マジック、そして脳

マジックは、心がトリックを使うもっともおもしろい例を提供する。25年以上にわたり私は国際奇術師同盟（International Brotherhood of Magicians）のメンバーで、メンタリズムやクロースアップ・マジックの一流パフォーマーと会ったことがあり、彼らから多くのことを学んだ。

メンタリストマジシャンであるアラン・ヌーからは、手は目よりも早いというのは事実ではないことを学んだ。そうではなく、マジシャンは注意を操っているのである（アテンション・マネジメントとよばれる）。観客の注意を、トリックが実際行われているところから意図的にそらすのだ。たとえば、自称「紳士の泥棒」アポロ・ロビンスは、今からあなたのポケットの中のものをいただきますよ、と予告しておきながら、実際にポケットの中のものを盗むことができる。いったいどうやっているのかと問われると、アポロは「フレーム」と彼がよぶ、時空間の枠の中にトリックの標的となる人物の注意を固定させるのだと答える。

私が個人的に目撃したデモンストレーションでは、アポロは男性の手を取り、その手のひらにコインを一枚乗せた。「きつく握って」とアポロは男に言った。そして「コインをもっていますか？」とアポロは尋ねる。「はい」と男は答える。「では、手を開いて」アポロは言う。手を開いてみると、そこにはなにもない。「あなたの肩に乗っているのは、コインですか？」アポロは、尋ねる。男性が自分の肩を見ると、そこにはコインがある。

さて、アポロはどうやって男性の手から肩にコインを移動させたのだろうか？　おわかりかと思うが、彼は移動させてなどいない。コインが手の中にあったことなどなかったのだ。アポロはコインを男性の手に置いたのではなく、ぎゅっと押しつけただけで回収した。手のひらの感覚受容器への刺激は、手のひらにまだコインが残っているという認識を与えた。これは残留感覚とよばれる。コイントリックに参加した男性は、手をぎゅっと握ったことで幻のコインの残留感覚がさらに強化されたというわけだ。

また、アポロが「きつく手を握って」と要求したことで、トリックの二つ目の要素である、標的の注意を手に集中させることに成功した。アポロはその貴重な数秒間を使って、悠々と男性の肩の上にコインを置いたというわけだ。

スリは残留感覚を利用して時計を盗む。短い間、時計のすぐ上の手首をぎゅっとつかむのだ。すると皮膚や脊髄の触覚神経の感受性が弱まり、残留感覚がもたらされる。時計が盗まれてからもしばらくの間、まだ時計をはめていると知覚されるのだ。

「能動的および受動的ミスディレクション」「アテンション・マネジメント」「不注意盲」「注意制御」「認知の盲点（忘れさせるための間）」。これらが、私たちの心のトリックを活用するマジシャンやメンタリストが使う用語の一部だ。

私たちの脳は常に、過去の経験から集めたパターンに基づいて意味を推測しようとする。私は今、エドワード・ホッパーのメイン州の絵に描かれた灯台を見ている。青い空を背景に、三次元の物体のシルエットが見える。しかし、その三次元の物体に見えている灯台は、二重の錯覚の結果生み出されている。ホッパーは二次元のキャンバスの上に描いた。そして、私の網膜に映っているのは、二次元のイメージだ。私が三次元の物体を知覚するにいたるこの二重の錯覚を作りあげるため、私の脳は目から脳へと送られる視覚情報をさまざまなレベルで増幅し、抑制し、収束させ、そして拡散させる。

そう、心は、ときどき私たちをだます。ただし心のトリックのほとんどは、錯覚やマジック、メンタリズム、ホッパーの絵画と同様、私たちの内面および外の世界に関する感覚的および認知的解釈の誤りがベースとなっているのだ。

機械は脳をだめにする?

新たな方法で考える

特定の仕事をするための装置として広く定義される機械は、長い間脳に影響を与えてきた。それが産声をあげたのは、産業革命のときだ。初期のものは効率と生産性向上を目的としていた。それ以来、大量生産方式は生産プロセスを断片化し、脱人格化を促進し、カール・マルクスが非難したとおり、しばしば労働者を自らの仕事から作り出される製品から遠ざけた。

その後、オートメーションは仕事をなくし、長い歴史をもつ職から労働者を追いやった。たとえば、多くのデパートやオフィスビルで、ユニフォーム姿の男性（例外なく男性だった）が小さな椅子に座り、個々のエレベーターを動かしていたのは、そう遠い昔のことではない。彼らの仕事は、自動化されたエレベーターが広く導入されたことで失われた。それと同じころ、大勢の電話交換手（こちらはほぼすべてが女性）も、自動ダイヤルなどの電話の進歩により、同じような運命をたどった。こうした技術主導の冗長性は今でもいくつかの経済セクターで起こっている。たとえば銀行では、ＡＴＭやオンライン取引のおかげで、多くの労働者が解雇され続けている。

失業と、それにともなうアイデンティティの損失および自尊心の喪失は、貧困、精神疾患、薬物乱用、暴力の増加を引き起こす。この4因子は、それぞれ個々にも相加的にも、脳の健康および機能障害と関連する。貧困は、乳幼児および小児の間に脳の発育を妨げる栄養失調を蔓延させる。アルコールやドラッグの乱用は青少年や成人の脳に損傷を与える。栄養不足あるいは損傷を負った脳は機能不全に陥りやすい。

もちろん、社会の変化とその結果生じた脳への影響は、機械の導入やその後の技術の進歩によってのみもたらされたわけではない。しかし、産業革命から始まり現在のＩＴ技術を基盤とする文化において、機械はヒトの脳に変化をもたらし続けている。

たとえば、技術は数学など特定の認知スキルの退化の原因となっている。単純計算は今や多くの知的で教育水準の高い人の能力をもってすら手に負えないものになりつつある。というのも、彼らは暗算よりも電卓を使ったり、最近では携帯電話を使ったりすることに慣れてしまっているからだ。もう一つ犠牲になっているものは記憶だ。なにかの情報に素早くアクセスしようと思ったとき、グーグルに頼めば数秒で結果が出てくるのだから、もはや記憶に頼る必要はない。ゆえに、一般的な情報検索は、脳からますます「外注」されるようになっている。

複数の分野で、人類の脳が作り出した技術に対する、脳自身の優位性は急速に失われてきている。１９７７年にＩＢＭのコンピューターエンジニアが作り出したディープ・ブルーは、史上もっとも偉大なチェスのチャンピオンを打ち負かした。２０１１年には、ＩＢＭの別のチームが作ったワトソンが、１９６４年に始まったテレビ番組「Jeoperdy!」の史上最多獲得賞金者二人に勝利した。

これらの開発と並行して、脳の組織と機能に変化が訪れつつある。私たちは、脳をこれまでとは違う方法で使うことを学んでいる。

テクノロジーと脳

過去１００年にわたって、先進国におけるＩＱスコアは著しい上昇を続けている。１９４７年から２００２年の間に、ＩＱテストの類似性を問う設問（「テーブル、椅子、コーヒーテーブルの共通点はなんですか？」）において、アメリカ人の得点数は24ポイント上昇していた。この発見（知能研究者ジェームズ・フリンにちなみフリン効果とよばれる）は、思考や理解が具体的なレベルから抽象的なレベルへと進歩した（テーブル、椅子、コーヒーテーブルは、脚が４本ある［具体的思考］ところが似ているというのではなく、それらすべてが家具であると考える）結果である。

具体的思考から抽象的思考への変化は、情報社会特有の要件によってさらに加速した。携帯電話やノートパソコン、ｉＰａｄなどのタブレット類の技術は、私たちの時空間の経験を変えた。もはや、同時に二つ以上の認知空間を占有することは日常茶飯事である。携帯電話で話しているとき、私たちはレストランで向かいに座っている友人よりも、地球の反対側にいる電話の相手と多く関わっているといえるかもしれない。

通信技術の進歩により、私たちがたがいと関わり合う方法に根本的な変化が起きようとしている。たとえば、私の友人は、Eメールの送受信をすべて携帯電話で行っている。そのため、彼女のメッセージは簡素、簡潔で、余談やユーモアや機微、つまり文字によるコミュニケーションを難しくも楽しくもするようなすべての要素が欠落している。

私が彼女に返信するときは、自分のメッセージが彼女のスマートフォンの小さな画面に表示されること、すなわち、1~2行に収まらない長いメールは読んでもらえないかもしれないということを強く意識している。このような状況では、生の情報を超えたものは許容され得ないので、彼女にメールを書くときには私自身の思考も限定されたものになってしまう。私たち二人とも、創造性は低下してしまっているのだ。

イメージの力

画像、特に情動を喚起するようなイメージは脳の主に右半球に直接語りかけ、どんなに説得力のある文章よりも強力かつ即時的な効果をもたらす。その構造のおかげで、脳は言葉よりもイメージを受け取るのが得意だ。

イワン・ツルゲーネフは、『父と子』という小説の中でこのことの本質を端的に述べている。「本だったら解説するのに何十ページもかかるようなことでも、絵は一目で教えてくれる」。技術は、この言葉とイメージとの間にある不均衡をさらに増大させる。たとえば、同じできごとに関する報道について、新聞とテレビを比較してみよう。「モガディシュでの暴動」という文言は、暴動が実際に起きている場から生中継される高画質の動画に比べ、ずっと興味を引きにくい。

もう一つの違いは、文字を読むにはそのスキルを学習しなければならないということだ。それは本人の社会的背景や教育背景に依存する(知らない言語で書かれた文章を読むことはできない)。さらに、読むことは孤独な活動で、多数の人々が同時に同じ文章を読むことはほとんど皆無だ。しかし、画像を見ることはだいたい共同の活動(たとえばスポーツイベントの中継など)で、話す言語や教育水準、社会的背景や人生経験に依存しない。

過去20年間のカメラやビデオの技術進歩のおかげで、よりリアルなイメージが作られるようになり、イメージが共通通貨となりつつある。これは、イメージの即時性やインパクトによるところが大きい。そして、イメージが音声による、あるいは書面によるコミュニケーションと組み合わさるような場合、一番注目されるのはイメージだ。ドローンにぶつかって死亡した子供の画像は、それに添えられた「巻き添え被害」の不可抗力に関する記事よりも注意を引く。

しかし、画像への暴露量や依存度の高まりは代償をともなう。脳の情報分析や批判的思考、想像、熟考の能力を低下させるのだ。スタンフォード大学の衝動制御障害クリニックを率いるエリアス・アブジャウデは、「私たちの注意の持続力は、Facebookを見るときの注意の持続力と似たようなものだ」「短い発言やツイートに慣れてしまうと、私たちはもっと複雑で意味のある情報に接したときにイライラするようになっていくだろう。おそらく私たちは、深みやニュアンスのあるものごとを分析する能力を失うのではないかと思う」と述べている。

イメージ主導社会におけるプライバシー

イメージの時代において、プライバシーは時代遅れの概念になっている。カメラ機能が携帯電話に組み込まれ、都市景観の大部分は警察の監視カメラによって見張られている。私たちはこうしたビデオに一度も映らずに店にいったりマンションを訪れたりすることはできない。こうした画像ベースの詳細情報によって、私たちの脳は、自分が常に誰かの観察対象になっているという思考をもつように変化してきた。

この技術的プライバシー侵害は人生の初期から始まる。アメリカ合衆国の公立高校の3／4以上で、ビデオによる監視が行われている。生徒はもうそれに慣れっこなので、もはやプライバシーを期待したりはしない。これが、生徒たちがソーシャルメディアをすぐに受け入れ、熱狂することの理由の一つかもしれない。どうせなにもかも監視されているのだから、一番プライベートな悩みを自分から公開してみんなにさらしたっていいでしょう？

インターネットと脳

オンラインでトピックからトピックへと「サーフィン」するとき、私たちは大量のデータをスキャンしている。ときに必死でさえあるこうした活動は、脳のもっとも強力な機能である集中を、手や目や耳からの感覚入力の継続した流れによって妨げる。

手や指がタイピングやスクロールやクリックにかかりきりになっているとき、私たちの目は連続的に現れるビジュアルイメージや文章に反応し、ときにはハイパーリンクをクリックしたりすることで本来の目的から注意がそれてしまう。一方、私たちの耳は新しいEメールやツイート、インスタントメッセージの到来を告げる音を聞き逃すまいと構えている。

これらの感覚入力が、脳内の限られた注意資源を奪い合う。その過程で、複数の感覚チャネルから伝えられた複数の刺激は、私たちの脳の可塑性によって回路を配線し直す。「脳の回路と機能を、強力かつ急速に変化させることが実証されている刺激と、まさに同じ種類の感覚的・認知的刺激——反復的で、集中的で、双方向性で、依存性の刺激——を、ネットが提供するということなのだ」とニコラス・カーは自身の著作『ネット・バカ　インターネットがわたしたちの脳にしていること』（篠儀直子訳、青土社）で述べている。

もっとも影響を受けるのは、感覚過負荷やインターネットにつきもののマルチタスキングにもっとも弱い、注意を司る脳の回路（前頭葉、頭頂葉、島および前帯状回を含む広大なネットワーク）だ。

そして、ポータブルデバイスの人気が高まったことで、技術がもたらす注意障害も増加している。注意散漫はあらゆるところで見られる。携帯電話を見ながら横断歩道を渡る歩行者。講義の途中でクラスメートにテキストメッセージを送る学生。携帯電話が振動するのではないかと気になって、うわの空で会話をしている友人たち。注意力が短時間しか持続しないことは、コミュニケーションの標準になってきている。私は最近、ヒトの脳に関する「すべてを」学びたいという多国籍企業の役員たちに話をするように頼まれた。だが、持ち時間は15分、それ以上は話さないでくれと言われたのだった。

増える情報、減る知識

私たちがインターネットにつながっているとき、ふだんとは別のやり方で読んだり考えたりしている。大英図書館が実施した研究によると、二つの人気のあるウェブサイトの訪問者は、「ある種のスキミング行為」を示し、一つの情報源からつぎの情報源へとジャンプし、以前訪問したソースに戻ることはまれだったという。

研究の著者らが導き出した結論はこうだ。「ユーザーはオンラインのコンテンツを伝統的な意味で読んでいるわけではない。それどころか、新たな形態の『読み方』が出現しつつある。ユーザーは『パワーブラウジング』とでもいうべき、手早く当たりをつける方法で読んでいる。まるで、伝統的な意味で読みたくないから、インターネットにつないでいるようだ」。

この新しい形態の読書法では、質より量が評価される。脳はできる限りたくさんの外部ソースに接続し、できる限り多くの情報を取り込もうとする。ここに足りないのは、集めた情報の合成と統合だ。

ネットワーク思考

Facebook や LinkedIn などのソーシャルネットワーキングサイトは、私たちがインターネット上に流す情報をもとに、その人の習慣や購買パターン、政治的知識などのプロファイルをまとめ、従来のプライバシーという概念に挑戦している。私たち一人ひとりが別々の孤立した主体であるという従来の考え方は捨て、「心の群れ」の一部になるよう求められている。そこでは、意見は他の人々の印象を詳細に調べることで形成される「瞬間的な印象」に基づいたものになる。「あなたがどう考えるか教えて、そうすれば私もどう考えるか決められるから」と。以前はこうではなかった。

もともと、ソーシャルネットワーキングサイトは、オンラインの「友達」のネットワークを作るために使われてきた。友達がなにをしているか知りたいときに、Facebook のようなサイトを訪問した。しかし、徐々に重点は移り、ソーシャルネットワーキングサイト側が、利用者が見たり聞いたり読んだり購入したりするものを決めるようになっていった。このような「共有」が広告主の役に立つことには疑いの余地はないが、利用者にとってよいことはあまりない。

ヒトが、一人のユニークな存在としてではなく、巨大なネットワークの一員として自身を考えはじめると、脳にはどのような変化が訪れるのだろうか？　現時点で必要な研究がまだ行われていないため、これに対する答えはまだ誰もっていないが、「ネットワーク思考」の発達にともない、個人の責任や自由意思に対する人々の心構えも変化していくと考えられる（「自由意思は幻か？」を参照）。

今、技術が個人情報の交換に関して私たちに態度を変えることをうながしていることは確実だ。あなたがバーで会ったばかりの人と話しているところを想像してほしい。もっと話をしていたいと思うが、約束があるのであなたはそこを出ないといけない。過去にこのような状況に陥れば、あなたはきっと名刺を交換するか、急いで紙切れに電話番号を走り書きして渡したに違いない。今や、スマートフォンで読み取り可能な二次元バーコード（ＱＲコード）のおかげで、会ったばかりの人について広範な情報を得ることができる。ＱＲコードは現在、ブレスレットの形でも作られており、着用者が希望する任意の個人情報を含む個人用サイトに接続されている。もしあなたとお相手双方がこのようなブレスレットを身につけていたなら、たがいのＱＲコードをスマートフォンで取得し、あとで時間があるときにリンク先から得られる情報を吟味すればよい。

ソーシャルネットワークと携帯電話のデータは、私たちの習慣や所在に関するリアルタイムのスナップショットを提供するためにますます頼られるようになってきている。ソーシャルネットワークのデータを約５万人分サンプリングした研究から、私たちの日常的な動向のほとんどが高い精度で予測可能だということが示唆された。

過去にいた場所や旅程データを分析することで、個人がいる場所は携帯電話の基地局アンテナから１㎞以内の場所であれば90％以上の精度で予測できる。この日常的行動の高度な予測可能性は、ルーチン的な移動パターンをもつ人（家と職場の往復）にだけ適用できるというわけではなく、もっと自由気ままに行動する人にも当てはまるのだ。

このように、電子機器によるモニタリングは、私たちが自分自身を理解し、若干居心地は悪いものの、他者によって理解されるための貴重な情報を提供している。ただし、私たちがこういった情報を利用するならば、ある不快感を無視しなければならない。私たちが、自発的に見える決断（友人を訪問する、映画を見にいくなど）の多くは技術のおかげで今や高度に予測可能かもしれない、という事実を最初に知ったときにきっと覚える不快感をである。

機械ではなく私たち

インターネットコミュニケーションのおかげで、私たちは個、そして集団としての自己について興味深いことを知ることができる。ツイッターは研究者が多数の人々の言動や思考パターンに関する情報を集める際に特に有用だ。

たとえば、2011年にマイケル・メイシーと彼の大学院生スコット・ゴールダーはツイッターのプロトコルを利用して84カ国から発信された5億件以上のツイートをダウンロードした。彼らはつぎに、肯定的な情動と関連するといわれている語(agree, fantastic, great など)や、否定的な情動と関連づけられる語(afraid, angry, fear など)およそ1000個についてツイートを検索した。

彼らの目的は、24時間のサイクルの中でヒトの気分がどう変化するかを明らかにすることだった。研究によると、肯定的な情動は午前中に多く、時間を追うごとに減退していき、また夕方に上昇する。また、日の長さの変化は、多くの人々が容易に納得できる形で気分の変化をもたらした。日が長くなるにつれて肯定的な情動は高まり、日が短い残りの半年では減少していたのである。メイシーの研究をユニークなものにしたのは、ソーシャルメディアサイトを使うことで得た大規模なデータベースだ。ツイッターを使って気分の変化を追跡することは、人工衛星を使って大気に関する情報を得ることになぞらえられる。しかし、ツイッターなどのソーシャルネットワーキングサービスによってもたらされるデータを解釈することは、常に簡単なものというわけではない。

つぎの問いについて考えてみよう。

「コミュニケーションツールとしてツイッターが広く使われている地域のワクチン接種率は高いだろうか、低いだろうか？」

ほとんどの人（この質問をされたときの私自身も含む）は、接種率が高いと予想する。その理由は以下のような感じだ。ある集団内でされる大量のツイートは、その集団が情報に接する一つの手段となる。情報が集団内に浸透すればするほど、ワクチン接種の利点に気づく人が増え、ひいては子供に予防接種を受けさせようとする人が増えるに違いない。

しかし、そうはならなかった。実際のワクチン接種率は低かったのだ。なぜだろうか？ ツイッターに、ワクチン反対派の否定的なつぶやきが多く投稿されていたからだ。親が子供を予防接種に連れていき、翌日その子の皮膚に発疹が出たとすると（後日それが予防接種と無関係だったことがわかったとしても)、その親は、ワクチン接種後になにも起きなかった子の親よりもワクチンに否定的なツイートをすることだろう。このような場合、虚偽の情報が広まることで、ほかの親が我が子に予防接種を受けさせようという意識が低下する。

ツイッター・ワクチン研究は、技術によって情報へのアクセスが増大しても、脳がより正しい情報に基づいた判断をするという意味では必ずしも役に立たないということをわかりやすく示している。

機械が初期の労働を減らすデバイスから現在の情報と娯楽を提供するものへ変化してきたことを考えると、機械がヒトの脳に与える影響はわかりやすい道徳劇みたいなものではないということを覚えておくべきであろう。よい機械や悪い機械があるわけではない。状況ははるかに微妙で、単純な二分法では解決できない。

機械が私たちの脳をだめにしているのか、それともよい方向に再構成しているのかは、私たちがそれらの機械をどう使うかによる。そしてその選択は、私たちに委ねられている。

THE BIG QUESTIONS MIND
ビッグクエスチョンズ 脳と心

発行日 2018年3月25日 第1刷

Author リチャード・レスタック
Translator 古谷美央
Book Designer 小口翔平・岩永香穂（tobufune）

Publication 株式会社ディスカヴァー・トゥエンティワン
〒102-0093 東京都千代田区平河町2-16-1 平河町森タワー11F
TEL 03-3237-8321（代表）
FAX 03-3237-8323
http://www.d21.co.jp

Publisher 干場弓子
Editor 堀部直人

Marketing Group
Staff 小田孝文 井筒浩 千葉潤子 飯田智樹 佐藤昌幸 谷口奈緒美
古矢薫 蛯原昇 安永智洋 鍋田匠伴 榊原僚 佐竹祐哉
廣内悠理 梅本翔太 田中姫菜 橋本莉奈 川島理 庄司知世
谷中卓

Productive Group
Staff 藤田浩芳 千葉正幸 原典宏 林秀樹 三谷祐一 大山聡子
大竹朝子 林拓馬 塔下太朗 松石悠 木下智尋 渡辺基志

E-Business Group
Staff 松原史与志 中澤泰宏 西川なつか 伊東佑真 牧野類

Global & Public Relations Group
Staff 郭迪 田中亜紀 杉田彰子 倉田華 李瑋玲 連苑如

Operations & Accounting Group
Staff 山中麻吏 小関勝則 奥田千晶 小田木もも 池田望 福永友紀

Assistant Staff 俵敬子 町田加奈子 丸山香織 小林里美 井澤徳子
藤井多穂子 藤井かおり 葛目美枝子 伊藤香 常徳すみ
鈴木洋子 内山典子 石橋佐知子 伊藤由美 小川弘代
越野志絵良 小木曽礼丈 畑野衣見

Proofreader 文字工房燦光
DTP 朝日メディアインターナショナル株式会社
Printing 共同印刷株式会社

ISBN978-4-7993-2245-1